解读青少年心理

肖存利 编著

知识产权出版社
全国百佳图书出版单位

图书在版编目（CIP）数据

解读青少年心理/肖存利编著. —北京：知识产权出版社，2018.9
ISBN 978 - 7 - 5130 - 5798 - 1

Ⅰ.①解… Ⅱ.①肖… Ⅲ.①青少年—心理健康—健康教育 Ⅳ.①G444

中国版本图书馆 CIP 数据核字（2018）第 195135 号

责任编辑：申立超　　　　　　　　责任校对：谷　洋
装帧设计：陶建胜　　　　　　　　责任印制：刘译文

解读青少年心理

肖存利　编著

出版发行：知识产权出版社有限责任公司	网　　址：http：//www. ipph. cn
社　　址：北京市海淀区气象路 50 号院	邮　　编：100081
责编电话：010 - 82000860 转 8572	责编邮箱：changyuxuan08@ 163. com
发行电话：010 - 82000860 转 8101/8102	发行传真：010 - 82000893/82005070
印　　刷：北京科信印刷有限公司	经　　销：各大网上书店、新华书店及相关专业书店
开　　本：787mm×1092mm　1/16	印　　张：14. 25
版　　次：2018 年 9 月第 1 版	印　　次：2018 年 9 月第 1 次印刷
字　　数：212 千字	定　　价：45. 00 元

ISBN 978 -7 -5130 -5798 -1

编　委　会

序　言

随着社会的发展和医学科学的进步，威胁我国儿童及青少年健康的传染病和营养不良问题已基本得以控制。然而，由于生活节奏的加快和社会竞争的日趋激烈，家庭结构的改变、独生子女问题、高龄二胎问题、留守儿童问题、网络成瘾问题等影响着家庭和社会。父母的重望、学习的压力、升学的竞争及复杂多变的社会环境给青少年带来了不同程度的紧张、刺激和心理压力。青少年的身心健康也因此面临越来越多的挑战和威胁。

"中国的家长从来没有像今天这样为孩子的教育和发展投入如此多的时间、金钱和心血。"然而，事与愿违，我国儿童和青少年的精神健康状况则令人堪忧。据报道，在17岁以下的儿童和青少年中，至少有3000万人受到各种情绪障碍和行为问题的困扰。小学生心理问题患病率为21.6%～32.0%，突出表现为人际关系、情绪稳定性和学习适应方面的问题。在大学生中，16.0%～25.4%有心理障碍，以焦虑不安、恐怖、神经衰弱、强迫症状和抑郁情绪为主。网络成瘾的发生也率逐年上升，大学生发生率为4%～13%，中学生则高达6%～15%……但是，与此同时，大量优秀的儿童和青少年，则具备独立、睿智、创新的特点，这也已经成为了社会进步的标志。

为什么会有这样大的反差呢？不是孩子的问题！不能归罪于社会的竞争，更不是社会快速发展的结果。关键问题在于父母早期的养育，在于社会对心理健康的重视，在于医生对儿童健康发展的维护和对疾病的防治，在于教师对儿童及青少年生活知识和专业知识的传播，在于社会媒体健康知识的宣传和普及。的确，养育孩子的知识和理念的不同、教育理念和方法的差异、心理健康知识的多少以及行为管理和行为矫正能力的好坏，都直接或间接影响着儿童和青少年的身心健康发展。

当今，我国心理健康知识普及不够，人们对心理和精神疾病的误解和由此产生的对精神和心理疾病患者的严重歧视，以及患者自身的病耻感阻碍了人们及时就医。特别是，早期心理和行为干预机制不良，健全人格培养意识淡薄。无论是家庭养育还是学校教育，重知识传授，轻能力培养；重学习成绩，轻道德品质；重升学率，轻心理健康的情况非常严重。许多人以为儿童及青少年的心理障碍与己无关，小孩有什么规矩和道德问题？孰不知这种侥幸心理往往是灾难的根源。据世界卫生组织估计，全球大约有 1/5 儿童和青少年在成年之前会出现或多或少的情绪或行为问题，主要表现为学习困难、缺乏自信、与同龄人或成人交往困难、吸烟、酗酒、吸毒、过早的性行为、少女怀孕、离家出走、自杀及暴力犯罪等，其中得到适宜处理和治疗的人数还不足有问题儿童的 1/5。

正是家长、教育者及医生心理卫生知识的缺乏，忽视了早期心理健康和健全人格的培养和行为干预，忽视了儿童及青少年社会化及适应能力的发展，酿成了一幕幕痛心而愚蠢的心理变态和行为异常的悲剧。如"蓝极速网吧一把火烧死 24 人""大学高材生动物园硫酸泼熊""大学生凶杀 4 名同学""中学生扒飞机险致机毁人亡"，等等事件。

近些年来中国政府对精神病及精神卫生工作高度重视。在中国精神卫生法颁布已有 4 年，精神病人的权利有了法律保护。精神病人实施登记管理，免费提供药物治疗。2016 年中国政府对精神及心理卫生工作的重视又上新高度。在 2016 年 8 月 19 日召开的"全国卫生与健康大会"上，习近平总书记亲自出席并讲话，特别强调了心理健康的重要性："要加大心理健康问题基础性研究，做好心理健康知识和心理疾病科普工作，规范发展心理治疗、心理咨询等心理健康服务。"很快，为落实总书记的讲话精神，国家卫生计生委、中宣部、中央综治办、民政部等22个部门共同印发《关于加强心理健康服务的指导意见》。精神医学快速和规范发展的春天已经到来。

那么，如何才能保证优生优育，保证早期识别和防治儿童及青少年心理和行为问题，避免人格的畸变和社会适应的不良？如何才能使年青一代身心健康，全面发展，成为社会的栋梁？这些问题越来越引起社会的重视，也越来越凸显早期识别和合理防治心理偏差和不良行为问题的意义和价值。

现代健康的含义并不仅是传统所指的身体没有病而已。根据"世界卫生组织"的解释：健康不仅指一个人没有疾病或虚弱现象，而是指一个人生理上、心理上和社会上的完好状态。这就是现代关于健康的较为完整的科学概念。心理健康，又称精神健康，是指个体能够恰当地评价自己、应对日常生活中的压力、有效率地工作和学习、对家庭和社会有所贡献的一种良好状态。主要包括以下特征：智力正常；情绪稳定、心情愉快；自我意识良好；思维与行为协调统一；人际关系融洽；适应能力良好。

本书正是针对这些主要问题，汇聚了青少年心理、教育、保健、行为医学、精神医学的研究成果，以发展心理学和行为科学的研究理论和实践为基础，以循证医学的资料为依据，结合多年的临床经验，结合实际案例，使用通俗易懂的语言为青少年健康工作者、孩子的父母及教师提供科学、实用的"促进青少年心理健康发展和早期防治各种心理问题"的参考依据和指导手册。

在社会飞速发展的今天，如何利用有限的心理健康服务的资源，不断提高我国儿童青少年心理健康的水平，提高我们的孩子在未来国际社会中的核心竞争力，已成为我们义不容辞的责任！

尽管目前市场上有不少关于孩子心理健康方面的书籍和刊物，但缺少系统的、专业性和科普性紧密结合的，能真正告诉家长、儿童健康工作者、老师、以及青少年自己该如何去做的指导资料！本书的问世，旨在解决目前儿童和青少年心理健康问题，走出养育孩子的误区，提供给使用者一套专门针对儿童和青少年早期身心健康发展、青少年常见情绪和行为问题预防，以及早期识别和合理治疗各种成长中的心理问题的实用性科普指导手册。

习近平总书记指出："生活在我们伟大祖国和伟大时代的中国人民，共同享有人生出彩的机会，共同享有梦想成真的机会，共同享有同祖国和时代一起成长与进步的机会。有梦想，有机会，有奋斗，一切美好的东西都能够创造出来。"

"少年强则国家强！"青少年是家庭的希望，祖国的未来。关注青少年心理健康是全社会的责任。良好的行为模式要从小建立，要精心维护。没有全民健康，就没有全面小康！让我们齐心协力，共筑健康中国梦，共创祖国美好的未来！

郑毅

2018 年 5 月，于北京

前　言

　　随着社会经济的不断发展，人们生活水平的持续提高，人口结构和家庭结构也发生了变化，社会竞争压力加大，社会矛盾问题凸显，使得心理障碍患病率呈上升趋势，其中儿童和青少年心理行为问题、老年痴呆、药物滥用及自杀等方面的问题日益受到社会的关注，心理健康的维护和精神疾患的防治显得尤其突出，也已成为当前重大的公共卫生问题，这一问题得到国家和社会的高度重视。2013 年 5 月 1 日，《中华人民共和国精神卫生法》的出台，对精神卫生工作的开展注入新的生机和活力。

　　我们团队编写了《美好生活夕阳红》《解读老年心理》和《事说心语》三本书，在社区群众中间获得了广泛的认可和赞誉，促进了大众心理健康知识的普及。

　　本是我们团队撰写的第四本心理科普书籍。我们在诊疗过程中发现青少年心理疾病呈现上升趋势，在青春期这一特定生命周期中出现了包括自杀、辍学、家庭暴力等问题，而家长对此感到很无力。如何帮助家长、孩子和从事教育工作的老师理解和认识这些问题，经过长期准备，我们专门编写了这本具有科普性质的书。

　　本书的架构根据在青少年中常见的一些问题进行分类排序，包括发育成长篇、人际关系篇、压力管理篇、婚恋情感篇、精神障碍篇等。每一篇针对一些常见问题进行分析和描述。

　　本书的编写有很多不完备的地方。我们期待您在阅读过程中间给我们提出宝贵的意见。让我们的书更加完善，传播更广，让更多的人受益，让全社会更加和谐，人民更加幸福。

肖存利

2018 年 4 月

目　录

发育成长篇

青春期生理心理发展特点概述

我们是青春／我们是夜空璀璨的星星／我们是不羁／我们是天边执着的飞鹰／没有什么能够阻止我们／对美的向往／没有什么能够左右我们／对青春的虔诚／青春最美的诗行／应该由我们／大声地朗诵

——席慕蓉《青春的诗》

心理学家将发育期的开始标志为青春期。青春期，就其心理发展水平来说，是迅速走向成熟而又尚未达到完全成熟的阶段。心理的成熟，以生理的成熟为前提，并受个体社会化过程所制约。伴随着疾病的减少，营养的改善，当前世界性的生理成熟提前（近一个世纪提前一年），当然不能不影响到心理的发展。发育期提前，身体快速发育和性成熟，青少年和家长、老师不可避免地要应对青春期所碰到的各种重大挑战：围绕着身体的改变，来自性、酒精和其他药物的诱惑，不断变动着的社会网络，对越来越复杂的世界的认知发展，以及萌发的感情，青少年正处于一个激动、烦恼、喜悦与绝望共存的时期。

青春期的发展历程反映了天性和教养相互作用的过程。青春期面临一系列的发展任务：适应性成熟、新的认知发展、社会角色的转变、情感问题及情绪管理、压力管理、培育道德标准等，所有这些任务的中心就是自我同一性的问题。

首先，我们来看一下青春期的生理成熟。

青春期的第一个信号是身高的快速增长，短短几个月内，青少年的身高就能增加好几厘米，这对于大部分孩子和家长来说都是一件好事。这种快速增长期一般而言女孩会开始得更早一些，大概始于 10 岁左右，男孩一般始于 12 岁左右，所以在刚进入初中的十一二岁的青少年中，女孩总体要比男孩子高，到了 13 岁以后，平均而言男孩就要高于女孩了。当然有些孩子发育得晚，如果孩子到了初三还不怎么长个，家长可以带孩子去测一下骨龄，如果骨龄小于实际年龄就不用太担心，但如果骨龄不小，就要去儿童生长科就诊，发现问题，解决问题。这个阶段家长要重视孩子的营养、睡眠、运动，帮助孩子获得更为理想的身高增长。并且要注意，不要让孩子处于太大的心理压力中，因为有研究表明，情绪紧张也会影响生长激素的分泌，妨碍身高的增长。

青春期生理成熟的第二个信号，也是最重要的一个信号就是性成熟的开始，就是我们俗话所说的孩子开始发育了。在这个阶段，由于雄性激素和雌性激素的作用，孩子的外形发生了很大的变化。

女孩的胸部开始发育，由于雌激素的作用，女孩的臀部和腹部等会出现脂肪的聚集，这本来是一件好事，让女孩显得丰润，但在以瘦为美的文化观念里，有些女孩会为此感到不适，甚至发展出进食障碍的问题；这个阶段，女孩出现了体毛，包括阴毛和腋毛，有些女孩的汗毛也开始增多，很多女孩会因为出现了浓密的汗毛而感到羞愧；汗腺的分泌旺盛也会给一些女孩带来狐臭的困扰，这些问题都是家长需要关注的。家长需给予孩子正确的引导，帮助孩子建立对自己形体的自信。对于女孩来说，进入青春期最具特征性的就是月经初潮，家长，尤其是母亲要在这个阶段给予女孩细致的关怀和帮助。

在雄性激素的主导作用下，男孩的阴茎和阴囊开始快速发育，一般在三四年后达到成人大小。和女孩不同，男孩体脂含量在这个阶段是降低的，肌肉变得健壮了。阴毛、腋毛、汗毛、胡须等体毛都开始出现，由于基因的差异，外显可见的汗毛和胡须等具有较大的个体差异性，有些男孩可能会因为自己缺乏浓密的汗毛和胡须而觉得不够有男子气概，从而产生自卑感。青春期男孩还有一个有别于女孩的变化，开始出现喉结并且声音变得粗哑，刚进入变声期可能也会有部分孩子不能适应，孩子这些微妙的心理变化都是家长需要关注的。进入青春期的男孩还有一个重要的现象，就是开始有了晨勃和遗精，大部分男孩在这个阶段都有自慰的行为，这些都属于发育中的正常现象。

在生理发展这一块最后要提及的是青春期孩子的大脑发育。进入青春期，神经细胞的数量增多，神经细胞之间的联系也变复杂，这导致了青少年的思维变得越来越丰富和复杂。我们大脑有一个特定的脑区——前额叶，与我们对冲动的控制能力有非常大的关系。在青春期，前额叶还没有完全发育好，所以青少年容易出现一些危险和冲动的行为。

其次，我们要谈一下青春期的认知发展。

青少年复杂抽象思维的能力越来越强，这改变了他们的日常行为。原先孩子还不会进行逻辑推理，他们可能会毫不怀疑地接受父母制定的规则和给出的解释，但随着抽象思维能力的增强，孩子可能会对质疑父母的权威乐此不疲。他们还喜欢利用抽象推理来找出别人解释的漏洞，这使得青少年显得比之前好争辩。日益增长的批判思维也导致青少年对父母和老师的缺点更加敏感和挑剔。同时，由于看到了事物更多的可能性，青少年可能会在选择和做决定的时候较之前优柔寡断。在青少年的认知发展中还有很重要的一个特点，就是思维的自我中心，这个阶段的孩子会认为全世界都在注意自己，因此他们对别人的态度就会很敏感，并且会发展出假想观众，认为别人和自己一样关注自己的变化，比如一个长了青春痘的孩子就会觉得全班同学都注意到她脸上长了颗痘痘。自我中心还会导致另一种思维扭曲，即个人经历是独一无二的，比如失恋的青少年倾向于认为谁也不会有其那么凄惨的经历，没有人能够理解他的痛苦，从而陷入无止境的自怨自艾中。

最后，我们来看一下青春期的社会情感发展特点。

依照埃里克森的观点，青春期的根本问题是，在不断扩展的社交世界中，在为不同的观众出演不同角色的混乱中，找到自我的定位，即自我同一性。自我定位的满意解决，能够为自我概念提供稳定的核心系统。青春期的社会情感问题的解决既是一个个人成长的历程，也是一段社会化的过程。

在自我同一性逐渐显现的过程中，来自多方面的因素影响其发展。即便在"同一性危机"时期，青少年仍需要通过和家庭以及朋友在一起以寻求安慰和归属感。一种妥协的解决之道是，在能够安全地获得同伴、小团体或者恋人支持的情况下，尝试各种不同的规范，如服饰、发型、游戏等。女孩子之间的友谊建立在亲密情感的基础之上；男孩子则与此不同，他们之间的友谊重在活动，他们讨论的主题往往围绕着个人或他人所取得的成就。于是，当青春期的同龄人群体开始发挥作用的时候，家长、家庭在青春期孩子心目中的地位就退居其次。

青春期容易出现人际关系和自尊的问题。孤独、抑郁和羞涩是青春期这一阶段非常重要的问题。这些问题也与青少年自杀率的上升相关联。青少年的社会动机十分强烈，致使其无法保持头脑清醒。当年轻人面临个人的失败、情场失意、当众羞辱的时候，无法清醒地认识到，每个人都会犯这样那样的错误，而且即便是最困难的时期也终将成为过去。这就是我们前文中提到的个人经历独一无二的扭曲认知所致。虽然值得庆幸的是，大多数青少年在进行有风险的行为之前都会进行"风险评估""三思而后行"。但遗憾的是，与家长关系不佳的孩子在这方面将面临更大的风险。亲子关系不睦的孩子更易于出现冒险的、反社会方面的问题。

青春期容易产生亲子冲突，容易经历极端的情感体验，容易尝试危险的行为。随着青少年心理、生理的变化，他们的自我意识也迅速发展，独立愿望日渐强烈，力求摆脱对成人的依赖，希望与父母分享平等的权利，而父母却总是按自己的想法教育子女，导致亲子冲突的增加。代沟就常常被引用借以表征此类问题。代沟这一名词所制造的问题要多于它本身所解决的问题。有一种观点认为，父母和青少年往往不是以同样一种方式看待事物。父母和孩子之间存在一种代沟，一种态度、价值观、抱负和世界观方面很深的分歧。然而现实却并非如此，代沟即使存在，也非常有限。青少年与其父母在各个领域中往往观点一致，虽然很多家长认为，孩子一旦进入青春期，家长与孩子之间的关系就会遇到困难。其实，大多数青少年认为，他们与家长保持着亲密的关系。亲子冲突的问题与不同类型的教养风格有关，权威型家长养育的孩子所碰到的问题最少。因为这样的家长对孩子的需求会及时做出相应的反应，而与此同时，他们对孩子又保持高标准和严要求。

综上所述，青少年在进入青春期后，不管是在生理还是心理上都产生了明显的具有特征性的变化，因此了解孩子的正常生理、心理发展对帮助孩子顺利度过青春期并减少家庭人际冲突具有重要的意义。

（郑晓星）

公鸭嗓子的苦恼

——谈青春期变声

> 想要战胜怪物就要了解成为怪物的过程；当你回望无底深渊的时候，无底深渊也在回望着你。
>
> ——尼采

　　小明是个外向活泼的男孩，话多、嘴甜，见谁都打招呼，和人聊天能聊得忘了吃饭，上课发言、上台演讲从不发怵，声音清脆，街坊邻里都喜欢地称他为"小喜鹊"。可最近，小明升初中后，开始越来越不爱讲话了，见人就躲着走。妈妈和他说话，他也总是哼哼哈哈的，还常常自己一人躲屋里。爸爸妈妈很着急，心想这孩子该不会有什么心理问题吧？妈妈问了小明几次，小明总是说没什么。妈妈犯愁了，就把小明带我这来了，想让我和小明谈谈。小明坐在我面前，挺肉乎的，白白净净，一看就是个可爱的小男孩。小明一开口，我就发现他的声音开始有点低沉粗哑了，小明似乎一说话就很不自在，不停地清嗓子。我猜他是因为青春期变声觉得难为情。我告诉他青春期男孩会出现的生理变化，并且告诉他每个男孩进入变声期的时间都是一样的，他恍然大悟。然后他告诉我，虽然以前课上也讲了青春期的生理变化，但自己当时觉得不好意思，没认真听，最近自己声音变了，结果班里的男生女生都嘲笑他，说他是公鸭嗓子，还给他取了个外号"雄鸭"。以前自己的声音很好听，老师总喜欢让他给大家示范朗读，现在他成了班上嗓音最粗哑的一个，老师也很少让他示范朗读了，上周的演讲比赛老师也没让他参加。他觉得特别羞愧，也不爱开口说话了。

小明这是陷入了青春期变声期的焦虑中。从医学生理学角度来讲，到了青春期，由于雄性激素的作用，男孩子开始长喉结，声带变长、变宽、变厚，发出的声音就变得低沉粗哑了。女孩也会有变声期，但和男孩不同，青春期女孩脖子开始变得修长，喉部变得狭小，声带较短、较薄，导致气流通过时声带的震动频率高，声音就变得尖而细。男孩的变声期一般处于 14~16 岁，到 18 岁可完成，女孩在 13~15 岁，最迟到 16 岁左右。也有报道，男孩变声期最早发生于 9 岁，这和个体的性成熟是有关系的。当然这只是相对而言，具有个体差异性，但一般来说，女孩的声音变化不如男孩明显，所以大部分女孩并不太关注变声期的问题，男孩就不一样了，由于声音突然出现了明显的变化，往往会让自己和周围的人感到不适应。而且在变声期，如果孩子经常大喊大叫，不注意保护声带，还会出现声带的充血水肿，从而导致喉部的不适感，严重的甚至会导致个体陷入疑病状态中。我就曾经接诊过一个总怀疑自己得了食道癌的患者，他的起病就是源于变声期的喉部不适，当然还有其他诱因，因为他的爷爷是死于食道癌，所以这导致他对喉部的不适感特别关注。但有些孩子说喉咙不舒服，家长就很紧张，以为得了上呼吸道感染，反复就诊于呼吸科，无形中就让孩子形成一个错觉，以为自己是个体弱多病的人。所以，青春期变声虽然是个小问题，但如果处理不当，也会给孩子带来不良影响。

在孩子进入青春期之前教授给孩子变声期的知识非常重要，也可以和孩子一起上网搜索学习变声期相关的知识，让孩子明白这是一个正常现象，以免孩子陷入不必要的担心中。尤其是那些变声期发生较早的孩子，如果不了解青春期变声就很难应对自己声音的变化和周围人对自己的态度转变，像我们开篇提到的小明的案例，因为变声被嘲笑，导致自己的情绪不稳定并回避社交。要告诉孩子，每个人都会经历变声的，尽管时间上可能有早有晚。男孩子声音变得低沉，是因为低沉的声音显得更加有威慑力，这是男性力量的显示，不要为此感到担心。期间会出现一些喉咙的不适感，这也是正常现象，让孩子这段时间注意保护嗓子，别过度用嗓，也不要食用刺激性的食物，更不能模仿大人抽烟喝酒，因为此时的声带还比较娇嫩，对烟酒刺激的防御能力弱。如果孩子为此遭到周围同学的嘲笑，要给予孩子支持，并帮助孩子向同学朋友科普青春期变声的知识，以免孩子人际关系恶化。

对于青春期孩子自己来说，千万不要因为同学的误解就回避人际交往，要明白这个时期只是暂时的，而且你的同学也迟早会和你有一样的经历。有可能你的嗓子变得特别粗哑，你自己也觉得特别难以接受，你可以和父母交流，如果和父母交流有困难，也可以寻求专业心理人士的帮助。顺利度过青春期的变声，其实最关键的还是要处理我们自己的完美期待，要明白没有人可以按照自己的理想一丝不苟地成长，人生总是在不断的丧失和获得之间前进，接纳当下的自己，很多问题就迎刃而解了。

（郑晓星）

邻家有女初长成

——论"成人礼"的重要性

> 成熟是一种明亮而不刺眼的光辉，一种圆润而不腻耳的声响，一种不再需要对别人察言观色的从容，一种终于停止向周围申诉求告的大气，一种不理会喧闹的微笑，一种洗刷了偏激的淡漠，一种无须声张的厚实，一种并不陡峭的高度。
>
> ——余秋雨《山居笔记》

最近在新闻里看到有人批评北京某中学在国子监举行的汉服成人礼，说学生们穿的汉服就是影楼装，完全没有汉代礼仪该有的庄重，觉得这就是学校的作秀行为。这让我想起了三年前，我去一所高校参加大一新生的访谈，一个学习服装设计的女孩和我分享了她在成人礼中的故事。她是北京一所著名高中毕业的学生，她们学校每年都为高三的学生举行18岁的成人礼，在成人礼这天，孩子们可以不用穿校服，自由打扮自己，他们会收到父母的成人寄语、老师的祝福和勉励，他们在经过"成人门"时宣誓自己将担负起自己人生的重任，甚至在这一天，他们可以公开自己的恋人。

她从初二开始，就期盼着自己的成人礼，她的同学们和她一样，羡慕高年级的学生，感慨自己什么时候才能拥有一张"长大成熟的脸"。终于，她盼到了自己的高三成人礼，她和同学们特别高兴，成人礼那天，女生第一次穿上高跟鞋，第一次化妆，很多人都把家里妈妈最贵的衣服穿来了，男生也都穿上爸爸的西服、系上爸爸的领带，大家都特别激动，好多同学在读父母寄语时都哭了，在经过"成人门"时自己作为一个成年人的自豪感油然而生。典礼结束后大家还相约去唱歌，还喝了酒，好多同学还喝醉了。总而言之，这一天她过得特别尽兴。

但是，第二天，她在一些网络新闻上看到了对他们学校成人礼的报道，看到了很多批评的，甚至是恶毒的语言，媒体宣称这些孩子浓妆艳抹，穿着皮草、礼服，一点学生的样子都没有，炫富、充满了风尘味道等，还有很多不堪入目的评价。她看了新闻附上的照片，确实不好看，她为同学们表现出来的那些看上去确实没有美感的装扮而感到羞愧。她沉默了，她不知道自己当时是属于报道中的哪种丑陋行为。那天，班上所有的同学都沉默了，幸好，班主任很好，老师告诉孩子们，这就是他们成年必须经历的第一个考验，这个世界确实会有很多恶意的攻击，不是因为你们不够好，而是有人习惯于低俗地攻击别人。你们有力量承受住别人的攻击，你们就有勇气承担起自己人生的责任。那天他们没有上课，班主任老师花了整整两节课的时间和同学们谈心。从那一天起，她觉得自己真正长大了，她能够原谅那些批评他们成人礼不妥当的人，她也能够原谅自己在青涩的年龄做出的很多不合时宜的行为，她依然非常怀念自己的成人礼。也因为意识到自己在服装搭配上的无知，她后来选择了服装设计。

成人礼，亦称"成年礼"或"青春礼"，是指为达到性成熟或法定成年期的少年举行的一种仪式，以此确认其为成年，接纳为社会的正式成员。在中国，成人礼亦是古代礼仪的重要组成部分，以男子"冠礼"、女子"笄礼"的形式出现，被称为"礼之始"。成人礼，作为一种仪式，意味着告别"旧我"，迎接"新我"，意味着个体进入群体，实现从生物人向社会人的转变，是个人获得身份的标志与象征。

现在，大部分的中学都会为学生举行成人礼。因为这样的一个仪式可以很好地帮助青春期的孩子完成角色转换。青春期是自我统合与角色混乱冲突的时期，是获得同一感而克服同一性混乱的阶段，自我意识的形成是其核心问题。所谓"同一感"是关于自己是谁，在他人眼中是一个什么样的人，社会环境对自己的角色要求是什么等一系列体验和感觉。这些体验和感觉要求青少年承担相应的责任、职业上的决定性选择、今后生活的策略等。这个时期，青少年要学会从童年的依赖身份向成年的独立身份过渡，要自己做选择，要对自己的行为负责。而只有稳固的自我意识的形成，才能更好地向下一个成年期的友爱亲密阶段发展。

18 岁左右的青少年正处于迎接高考的关键时期，在复习高考阶段根本无暇顾及成人的真谛，家长和学校平时在这方面的教育也多是空白的，绝大多数青少年缺乏成年意识，心智很不成熟。对父母过分依赖，经济上、生活上根本不能独立，更可悲的是，现代父母一般将成人和结婚两个人生阶段合二为一，致使个人成人年龄随之延迟 3 ~ 5 年。这造成了一些人到了工作年龄不想工作，到了结婚年龄不愿结婚，在父母的纵容下步入"啃老族"的行列。

成人礼标志着一个人已经完成了由未成年人向成年人的转变。成人礼教育是及时引导青少年的一种有效手段。成人礼教育有助于青少年树立远大理想，确立正确的世界观、人生观和价值观，对他们的人生产生深远的影响。有关生产、生活、婚育、社会等方面知识的教育也为他们适应社会角色的转换、承担相应的责任和义务创造了条件。通过成人礼活动，唤起一个人的成人意识，树立起对家庭、社会的责任，这是一种特殊的人生教育。通过成人礼活动，认识到知恩、感恩。从爱父母，到关爱他人；从爱母校，到爱家乡、爱祖国，实现自己的人生价值。

回到文章开始我提到的那个女孩，她让我明白，成人礼对于刚刚进入 18 岁的孩子是一件多么神圣的事情，仪式的外在形式并不重要，重要的是其给予孩子的仪式感，它让孩子能够直观地意识到自己的身份转变。所以，当新闻媒体人站在成人角度去批判孩子的表现不合时宜、仪式不够庄重典雅的时候，真应该先想想自己当年对于成人的激动和兴奋。好的汉服一套大几千，孩子们是承受不起的，影楼装又怎样呢？孩子们要的只是郑重其事地向自己和世界宣布："从今往后，我的人生进入了一个新的阶段。"所以，让我们放下成人的傲慢和偏见，用欣赏的眼光和孩子一起为他们的成人礼喝彩。

（宫　雪　郑晓星）

窈窕淑女的艰难

——谈青春期的形体焦虑

> 有一种东西，比我们的面貌更像我们，那便是我们的表情；还有另一种东西，比表情更像我们，那便是我们的微笑。
>
> ——雨果《海上劳工》

我有一个朋友长得清纯可人，有点像台湾女星林心如。可是她在青春期的时候特别自卑，因为身边的朋友都开始发育了，她虽然长了身高，却没有像身边其他女生一样，开始有了前凸后翘的婀娜身姿，再加上她留着短发，平板的身材让她看上去像个小男生，班上开始有同学给她取外号叫"豆芽菜"，她觉得特别自惭形秽，在班里都不敢大声说话了。她说那是她最灰暗的一段日子，直到现在，她还一直为自己不够"丰满"耿耿于怀。我还有另一朋友，情况恰恰相反。她进入青春期后发育得特别好，可是她的偶像是台湾的郑秀文，她觉得"飞机场"才是最好看的身材，所以她对自己的"波涛汹涌"特别反感和懊恼，她用尽了各种办法隐藏自己的"丰满"，用布缠缚胸部、在胸部抹减肥霜等，各种方法都用了。

很明显，我的这两个朋友在青春期都对自己的形体产生了焦虑。青春期的少男少女倾向于敏感多疑，对自己有着完美期待，同时由于自我中心的特点，容易认为所有人都像自己一样关注自己身上所发生的变化。随着第二性征的出现，青少年对自己在体态、生理以及心理等方面的变化会产生某种神秘感，甚至不知所措。比如女孩由于乳房发育而不敢挺胸、因为月经初潮而紧张不安；男孩出现性冲动、遗精及自慰后追悔自责等，这些都将对青少年的心理和行为带来很大影响。在上述变化中，形体是最为外显的一个因素，所以也最容易引发青少年焦虑。

在青少年中，除了像我的两个朋友为胸部发育丰满与否焦虑外，还有一些人因为对体型其他方面不够优美而担忧不满。比如有人认为自己太胖，有人认为自己长得不高，有人认为自己长得太丑，甚至有不少姑娘为自己长着一双单眼皮而闹着要做整形手术。在其他国家也有类似的情况，美国和加拿大的研究人员发现，10～11岁青少年对自身体形的不满可造成心理压力。在青春期之前，孩子对于自己的身体没有太直观的感觉，可是，当他们进入青春期，身体的变化使他们非常直接地注意到了个体形体之间的区别，不仅是男性和女性的区别，还有同性别之间的形体差异，而且他们还注意到，不同的形体对于异性的吸引力和同伴的地位居然也是有影响的，这对于渴望展现自己、比之前更在意他人对自己的看法的青少年来说，产生对自己形体的焦虑也是非常可以理解的一件事情。

在以前保守的社会文化下，女孩大多会因为胸部发育而觉得羞愧，但现在孩子们都是接受新思想教育的，而且从小他们就接受生理知识普及，所以对于这一点倒没有特别需要注意的地方，但家长要注意的是发育的早晚有时可能引发孩子的焦虑，对于进入青春期的女孩，妈妈要未雨绸缪地和孩子交流关于青春期身体发育的话题。男孩也是一样，喉结的出现、阴茎的发育也会导致他们产生焦虑。笔者曾经接过一个案例，几个青春期男孩一起洗澡，突然有人注意到其中一个同学阴茎特别小，于是大家就起哄嘲笑，被嘲笑的男生羞愤难当，但又无力抗争，也没法和父母说这事，最后就拒绝上学。父母追问不出原因，就强行带孩子到我这里就诊。经过多次治疗，在反复保证治疗是保密安全的情况下，男孩才说出了之前发生的事情。我给男孩普及了一下青春期的发育特点，做了一些缓解焦虑的工作，建议父母给孩子换一个学校，后来这个小男生顺利度过了青春期，结婚后不久就有了孩子，也就放下了当初的形体焦虑。

在青春期形体焦虑中还有很重要的一个方面就是胖瘦的焦虑。在以苗条为美的社会审美趋势下，青春期女孩皮下脂肪的增加所致的体形圆润有时也会导致孩子忧心忡忡。此时身边的亲人、同学们某些有意无意的言行，都会增加孩子的担忧和恐惧，害怕自己无法控制体重、变得越来越胖。我有一个朋友，她在青春期时，她母亲一句无意的嘲笑就让她纠结了整个青春期，她和母亲出门，她在前面走，母亲在后面，然后她就听到母亲对周围的人说："你看她，屁股圆滚滚的，像一只肥母猪。"她的母亲待她一向言语刻薄，她能想象母亲说这句话时那种鄙薄的神情。于是那句"肥母猪"成了她整个青春期的耻辱，她从不敢穿漂亮衣服，只穿那些颜色灰暗、宽松肥大的让人看不出样子的衣服，她特别害怕别人看见她的"大屁股"，她恨不能把自己隐藏起来。曾经有好几年的时间，她陷入了严重的进食障碍中，她用了很长的时间和自己内在的"肥母猪"的扭曲意象做斗争，走过了一段很艰难的成长之路。其实她的身材很好，完全符合现在关于性感的定义，只是因为不符合母亲对于美的定义，只是因为母亲那样刻薄的一句言语，她的青春一直受困于对形体的焦虑中。

青春期孩子的形体焦虑还有一部分和他们的追星有关。孩子们偶像多是骨感美人、型男、健美先生，所以女孩在追求骨感的路上永无止境，男孩在向往健美的方向孜孜不倦，太胖的女生或太臃肿的男生很容易就成为嘲笑的对象，在这样的一种氛围下，当个体在同伴中的位置和受欢迎程度和形体相关时，发生形体焦虑的风险就更高了。

青春期是美妙的、浪漫的、神秘的、富有幻想的，同时也是苦涩的、迷茫的、冲动的。对于孩子因关注自己的形体而出现一系列的身心烦恼，父母首先要给予积极的关注，理解孩子的恐惧，及时安抚孩子的焦虑，带动孩子从消极走向积极，更要注意不要随意评价孩子的体形；其次，要让孩子学会以乐观积极的态度对待自己，建立正确的自我体相认知；最后，引导孩子注重内在美的培养，良好的气质、举止恰当，给人以好感、美感。还可以求助于美学的观点，帮助青春期的孩子学会正确地穿衣打扮，在平时服饰整洁，鞋帽干净，发式端庄，展现良好的青春风采。

（杨　阳　郑晓星）

不美丽毋宁死

——谈青春期装扮问题

青春不只是秀美的发辫和花色的衣裙/在青春的世界里/沙粒要变成珍珠/石头要化作黄金/青春的所有者/也不能总是在高山麓、溪水旁谈情话、看流云/青春的魅力/应当叫枯枝长出鲜果/沙漠布满森林/大胆的想望/不倦的思索/一往直前的行进/这才是青春的美/青春的快乐/青春的本分

——马雅科夫斯基《青春的秘密》

朋友的女儿今年 16 岁，是一所重点高中学艺术的学生，长得很漂亮。朋友给我们看他女儿的照片，一点不比当红的明星逊色。按说有一个貌美如花的女儿，作为父亲应该非常骄傲。可是我的这个朋友却非常发愁，他唉声叹气地抱怨，女儿天天不化妆就不出门，家里摆的化妆品比她妈用的还多还高级。天天在家里自拍发朋友圈，说她还不乐意，她说自己是学艺术的学生，没有漂亮的容貌何以立足世界？成天宣称"不美丽毋宁死"，学习成绩不关心，不看书，每个月花在买化妆品和买服装上的钱比全家的

生活费还多。在外面交了一堆朋友，经常参加演出，她的那帮朋友都画着浓妆，看着一点不像孩子。说着说着朋友悲从中来，拿出一组女儿拍的艺术照，痛心疾首地向我们控诉："你们看，你们看，这照片，我说她看着像30岁的人，她还不服气，说我没眼光。这样下去可怎么办呀？天天为了化妆的事我和她妈着急上火，和孩子的关系也越来越紧张了，最近都发展到留宿同学家了。你们都是搞心理的，帮我们想个办法，让这孩子收点心在学习上吧！"我们看那照片，确实挺成熟的，已经看不出一点点孩子的稚嫩了。

　　青春期的孩子爱美是一件很正常的事情，尤其是女孩。有研究表明，有着美丽外表的女孩在青春期的自信水平远高于相貌一般的女孩，而且她们在学校也对异性具有更高的吸引力。所以去打击这个阶段孩子的爱美之心，那叫作"太岁头上动土"，不和你翻脸才怪。不要说女孩，这个阶段的有些男孩对外貌也是非常关心的，尤其是在现在娱乐圈的宣传影响下。现在流行的小鲜肉，都长得唇红齿白，非常漂亮，于是越来越多青春期的男孩也开始意识到要打扮自己。我曾经接诊过一个男孩，13岁，个子很高，很瘦，为了保持体型节食、吃减肥药，每天都用洗面奶洗脸，还用高级护肤品保养皮肤，所以尽管他看上去有点苍白，但皮肤非常细腻白皙，用清秀来形容他一点也不过分。这些爱美的青春期孩子特别关注自己外表的完美呈现，如果脸上长了个小疙瘩或者妆化得不够精致，他/她们就觉得不能面对别人。这和青春期孩子的自我中心有关系，青春期的孩子常常会觉得全世界的人都在关注自己，所以他们倾向于认为自己不满意的细节别人也一定会注意到。从这个角度讲，让孩子把自己装扮漂亮一点出门确实有助于提升孩子的自信心。

　　我们提倡要尊重孩子的爱美之心。时代变了，各种整容和微整容已经成了司空见惯的事情，如果家长再固守着以前朴素的观点，要求孩子必须保持孩子的样子，素面朝天，尤其是对于学艺术的学生，势必会在两代人之间造成冲突。作为家长，与其在孩子兴致勃勃地装扮自己时不停地泼冷水，甚至责骂禁止，不如放下成见，发自内心地去欣赏孩子的美。其实现在的孩子由于营养好、接收信息的渠道多、"读万卷书行万里路"的人生体验远远丰富于父辈母辈，不管是在生理上还是心理上，他们的成熟都早于父母的预期，所以作为青春期孩子的父母，调整好自己的心态很重要，尽量把孩子当成一个成年人来看待，就会少很多着急上火的自讨没趣了。

我们说不反对孩子化妆，鼓励孩子重视自己外表的呈现，并不意味着我们认为孩子的化妆打扮是很重要的事情。在现在先进的化妆技术和整容技术的支持下，这一代的青少年外表的赏心悦目程度比他们的前辈们高太多了。每次我经过北京舞蹈学院或电影学院，我看见校园里行走的孩子们，他们那么漂亮，五官精致、皮肤细腻、身材高挑，真的是"满园春色关不住"啊！说实在话，我非常羡慕他们，想起自己那一代人土得掉渣的青春，都觉得好遗憾啊！但同时也总有一句话会跳到我的脑海里，"这个世界上，漂亮的容貌很多，但有趣的灵魂却不好找"。当漂亮的容貌已经成了满大街随处可见的风景时，美女帅哥也就不稀奇了。而且再美的容颜也有衰老的那一天，所以以前皇帝的妃子们，能够笑到最后的都是那些知道"以貌侍君终不长久"的聪明女子。

其实对漂亮与否的判断没有统一标准，每个人的审美观点不一样，但有一点很明确，"金玉其外，败絮其中""空有一副好皮囊"，毫无思想和内涵的人会很快让人厌倦的。俗话说"腹有诗书气自华"，内在的修养是能够在外在的容貌上呈现出来的。而且经过岁月的沉淀，这种内在丰富的灵魂散发出来的光彩将会越来越吸引人。所以，我们还有一句俗话叫作"30 岁之前的容貌是父母给的，30 岁之后的容貌是自己修的"。如果我们在青少年时期只重视外在容貌的保养而忽略了对内在思想的充实，最后恐怕就会在青春不在、红颜老去的时候追悔莫及。

其实青春就是最好的化妆品，青春期孩子的活力就是最好的装饰。对于青春期的装扮问题，父母要尊重孩子对美的理解和追求，但孩子更要明白，美一时不难，难得的是能够美一世，所以在青春期不仅要保养自己的容貌，更重要的是要丰富自己的内在，让自己成为一个有趣的人。

（郑晓星）

装在套子里的少年

——家庭对青春期自我身份确立的影响

> 心与心之间不是只能通过和谐结合在一起，通过伤痛反而能更深地交融。疼痛与疼痛，脆弱与脆弱，让彼此的心相连。每一份宁静之中，总隐没着悲痛的呼号；每一份宽恕背后，总有鲜血洒落大地；每一次接纳，也总要经历沉痛的失去。这才是真正的和谐深处存在的东西。
>
> ——村上春树《没有色彩的多崎作和他的巡礼之年》

木木是一个19岁的大二学生，他第一次来咨询时，全身僵硬，像一个机器人一样走进诊室，然后腰板挺直地坐在沙发的边缘，双手交叉放在腿上。他非常有礼貌地向我问好，一直尊敬地用"您"来称呼我，脸上带着外交礼仪般的微笑。这就是他来诊的原因，他只能把自己装在礼仪的套子里才能与人交往，否则他就不知所措，所以他对人的态度总是无比客气礼貌但不带任何情感。他的工作能力很强，担任学生会主席，组织了很多活动，他的学习成绩也很优秀，每年都能获得奖学金，但他很孤独，他觉得自己是个怪物。有时候他会有很奇怪的体验，觉得自己的身体分成了好几个部分，有时骑着车突然觉得自己脑袋缩到了脖子里，这一切让他很害怕。

木木的父亲是一个精神分裂症患者，母亲能干但脾气暴躁，如果木木的行为不符合母亲的意愿，母亲就会生气，不让木木吃饭。木木的父母经常吵架，母亲嫌弃父亲无能，父亲有一次犯病时狠狠掐木木的脖子，木木说就差一点他就死了，在他意识朦胧的那一刻父亲突然清醒松手了。后来父亲开始信佛，天天在家里播放佛歌，供了一尊菩萨，天天上香。在木木的家里，每天除了母亲的诅咒、父亲的诵经，剩下的就是一片死寂。有时候木木也想取悦自己的母亲，可是他总是不知道哪一步就可能出错，然后母亲就暴跳如雷地叫他滚。尽管如此，木木一直强调自己要理解母亲，因为她也很不容易，既要工作也要照顾这个家庭。木木经常会做一个梦，梦见一根圆圆的钢管把他和母亲连接在了一起。

木木总是幻想能有一个姐姐在他受伤的时候安抚他，他一个人没事干的时候就让自己沉浸在和温柔的姐姐共处的想象中。这个幻想的姐姐让他觉得自己的家庭还有可以留恋的地方，让他还能够承受父母加诸他的一次又一次的伤害并且还能愿意和父母连接在一起。他必须让自己伪装的很强势，很有力量，只有他觉得可以掌控人际关系时他才敢与人交往。但他感觉自己快撑不下去了，在他身上出现的奇怪的感觉让他非常担心，他害怕自己最后会像爸爸一样，变成精神分裂症患者。有时候他也会同情、可怜父亲，但更多时候他是恐惧、怨恨自己身上流淌着父亲的血液。

木木在父母的身上照见的是一个不招人喜欢、麻烦、怪异的自己，他无法用这样的"真面目"与人相处，他更害怕被人窥见这样的自己，于是他给自己做了一个礼仪的套子，以此来"规范"自己的行为。很明显，木木现在受困于青春期的自我身份确立，他不知道该如何做自己父母的孩子，他也不知道该如何做同龄人的朋友；他不确定何时他要扮演强者，他也不知道何时他该流露自己柔软的一面。一方面他渴望与母亲融合，他继承了母亲的聪明才智，他期待回到与母亲脐带连接的一体状态（他反复梦见自己和母亲被一根钢管连接在一起），可惜母亲没有回应他的这种亲密需要，于是在母亲肯定他的才干和鄙弃他的亲近的矛盾中，他的内在自我身份越来越混乱。另一方面，作为父亲的儿子，他接纳父亲，意味着他要承认自己身上存在精神分裂症的基因，他就处于成为病人的高风险中；但拒绝父亲，人生没有来处，他很难确立自己的身份。在这样的煎熬中，他很难形成一个能够让自己安心的自我概念。要把木木从这样的困境中解救出来需要一个很漫长的心理治疗过程，代价是昂贵的，所以我们不得不思考家庭对于青春期孩子自我身份形成的重要影响。

温尼科特曾经说过，每一个孩子都是从父母闪着爱心的眼睛里发现自己的可爱的。依恋理论的创始人鲍尔比也说过，个体从生命早期和主要养育者的互动中形成关于自己和他人的概念。在青春期之前，孩子可能还没有意识要去探寻自己是谁，孩子还可以因为自己具备某一个优点而懵懂地生活下去。但进入青春期之后，寻找自我成了这个阶段一个重要的生命议题，我是怎样的人，我有多喜欢自己，我能在多大程度上获得别人的喜欢，对这些问题答案的追问直接影响到了青春期孩子自我概念的构建和自尊的形成。如果早期的家庭养育无法让孩子形成一个积极的自我意象，那孩子到了青春期就容易出现自我贬损的行为，或者像木木一样发展出了一些僵化的防御模式。

除了家庭养育能给予孩子足够的尊重和关爱，父母的关系对于青春期孩子自我身份的同一也有重要的影响。孩子的身体里一半是父亲的基因，一半是母亲的基因，所以从生命的发源就注定了孩子对父母是"忠诚"的，也许在后来的成长过程中，由于种种互动进程中的误解，意识层面的忠诚被消磨了，但在潜意识里，所有人都是效忠于父母，想向父母证明自己的。所以如果父母关系不好，互相贬低，那孩子就会无所适从。如果制造我的材料是有问题的，我又如何相信自己有化腐朽为神奇的力量，能把一堆糟粕变成精华？这对孩子确立一个积极的自我意象是一个很大的挑战。还有一点，孩子自我身份的确立要从与外界的人际互动中形成，如何与人相处？如何建立亲密关系？父母的关系就在这潜移默化中影响孩子对人际交往的认知。所以父母彼此肯定，相互支持，给孩子一个和谐的成长环境对于孩子进入青春期后形成自我同一性具有重要的意义。

从更细化的方面探讨家庭对青春期孩子自我身份确立的影响，还要涉及家庭的经济和社会地位。有研究表明，家庭社会地位较高和经济基础好的孩子自尊水平更高。我们必须承认人从出生伊始就要面对世界的不公平，但这不是决定性的因素，最为关键的是父母如何看待自己的位置。假如父母对生活充满了抱怨，对自己的社会地位和经济水平非常自卑，或者愤世嫉俗，这样的心理状态就会传递到孩子身上，从而影响孩子在青春期确立积极的自我身份。我们也可以看到一些出身贫寒的孩子拥有积极乐观的心态，对自我和他人都持有正面的期待，那我们去观察这部分孩子的家长，就会发现虽然他们外表朴素但整洁，虽然生活简陋但有条不紊，虽然日子艰难但始终面带微笑。所以，父母的人格力量才是孩子自尊发展的重要保障。

对于青春期的孩子来说，如果我们没有办法得到一个良好的家庭支持，我们自己能做些什么？首先，我们要明白一点，人生属于我们自己，我们要自己承担起责任，我们可以心疼自己，我们需要比别人付出更多的努力，但我们永远不要放弃为自己争取更美好的未来。其次，我们要放下拯救父母的崇高梦想，我们感恩父母给予的生命和照料，但不要为此背负沉重的情感债务，不要为无法偿还感到内疚，因为情感不是拿来偿还的，而是用以互动的，好好实现你自己就是对父母生命最好的突破。最后，学会接纳自己，承认自己存在的不足，接纳自己在寻求同一性过程中出现的大量混乱的心理状态，客观地评价自己，放下对自己和他人的控制，以更广阔的视角来看待自己作为一个独特的个体存在。当然，这样的成长过程是痛苦的，所以，必要时务必记得寻求一切可以获得的帮助。

（郑晓星）

我思故我在

——谈青少年的哲学思考

> 不必太纠结于当下，也不必太忧虑未来，当你经历过一些事情的时候，眼前的风景已经和从前不一样了。
>
> ——村上春树《1Q84》

小宇今年上高一，他一直是父母老师眼中的好孩子，好学上进，爱思考，对很多事情都有自己独到的见解。可最近不知道怎么了，他变得沉默寡言，老师反映他上课老走神，下课也很少与同学交往，父母也发现他回家后时常发呆，喜欢自己一个人躲屋里。妈妈很担心他是不是得了抑郁症，小宇也觉得自己对生活很迷茫，突然就失去了方向，于是同意随妈妈去看看心理医生。初次访谈中，小宇说自己最近情绪很低落，提不起学习的兴趣，也不想和别人交往，就想一个人待着。似乎有点抑郁的症状，但在交谈过程中他的语速正常，思维的速度也没有变缓慢，所以我对他是否抑郁打了一个问号。我问他一个人待着都干吗，他说想事情。前一段时间，他看了一个古希腊神话，一个叫西勒尼的神，知道人世间最好的东西是什么。当时有个国王就把他抓来，询问他世界上最美好的是什么东西，西勒尼回答："世界上最美好的事情你已经得不到了，就是不要出生。"国王又问次好的东西是什么。西勒尼回答："次好的事情你可以做到，但你不愿意，就是快快死掉。"小宇明白这个神话所要表达的哲理，人世间最好的事是不要出生，次好的事是快快死掉，那最不好的事情就是"活着"。小宇想到自己每天都在重复着同样的生活，为了父母和老师的期待努力学习，不知道自己真正感兴趣的是什么，也不知道自己未来的路该通往何方，而人终究是要死的，那活着究竟是为了什么？

困扰小宇的两个问题，一个是人生如此短暂和痛苦，另一个是人生如此无聊地不断重复，那我们为什么要活下去？这是关于哲学的思考。伟大的哲学家尼采也曾经提出过同样的问题。哲学需要内省、忧郁的情绪，而青少年的生活一向被认为应该是外放的、欢快的，青少年的哀伤总是被定义为"少年不识愁滋味，为赋新词强说愁"，所以小宇被认为是异常的。事实上，很多人在青少年时期都有过关于存在和灭亡的思考，应该说，很多人第一次开始哲学思考都是在青少年时期。我有很多来访者，当我询问他们是否有过自杀的想法时，他们的回答都是曾经有过，在初中或者高中的时候，当时开始思考人生的意义，觉得找不到答案，找不到自己，所以很迷茫，似乎活着没有什么意思。有一个来访者形容她是如何度过那段时期的，她觉得自己情绪沉到底的时候，她开始从世界超脱出来，她不再卷入纷繁复杂的人世中，她形容自己是站在世界的边缘观察人生百态，学着"不为物喜，不为己悲"。

这样的哲学思考对于青少年而言是不是危险的？能否允许？不但家长会为孩子的沉寂感到担忧，青少年自己也会对自身的状态感到不满。要回答这个问题，我们可以从心理发展和哲学两个层面进行分析。

首先，从心理发展的角度来探讨，第一，青春期的孩子正在寻求自我身份的认同，他们必然会对"我是谁"这样的哲学问题感兴趣，从"我是谁"很容易就会衍生出"世界是什么？""人生的意义是什么？"这样的困惑，所以，青少年的哲学思考是正常的，不可避免的，这是他们在通往成人的道路上必经的阶段。第二，青春期的孩子智力高度发展，尤其是现在的孩子，知识储备量更是急剧增长，但他们认知的成熟和人生经验的积累却不能与之相匹配，所以在进行上述的哲学思考时，他们很容易就会陷入困惑迷茫中，尤其是对于原本就内向敏感的孩子，可能很长一段时间都会沉浸在不解的低迷状态之中。

但这样的思考会不会导致自杀？从我接诊的来访者来看，没有发现因为思考人生的意义就绝望自杀的，如果自杀了，一定是因为还存在很多的生活应激，和哲学思考没有必然的联系。所以，我们还需从哲学层面分析，孙周兴教授曾经在南开大学进行过一次关于"哲学到底有什么用"的发言，他讲了哲学的三个作用，第一是"哲学叫人不死"。历史上没有一个哲学家是自杀的。苏格拉底说哲学是"练习死亡"，哲学思考就是要把生死的事情想得很彻底，经常去思考自己最后的可能性，想着想着就不想死了。第二是"哲学让人脑子清楚"，因为哲学是对"思维的规律和法则"的解释，它讲思想的规律和道理，最核心的东西就是"逻辑"，所以哲学思考可以让人想事情更通透，通透的人就不容易做糊涂事。第三是"哲学让人好好说话"，哲学一开始就是强调对话、讨论和雄辩的，从古希腊的哲学到德国的马克思主义哲学，强调的都是民主、开放的态度，哲学让人学会如何与人对话，不胡搅蛮缠，所谓"世事洞明皆学问，人情练达即文章"，不狭隘的人也很少会走极端。所以，从心理学和哲学两个层面分析，哲学思考对于青少年都是安全的且对于他们的成长成熟是有帮助的。

但我们不得不看到青少年在进行哲学思考时是痛苦的，如何帮助他们更好地完成这个时期的哲学思考？我想，作为父母除了允许孩子有更多的个人空间，接纳他们的内省消沉外，还可以做的是和他们共同探讨、分享成年人关于哲学的思考，并选择合适的哲学书籍给孩子阅读。对于学校教育，可以适当地在课程中增加关于哲学的内容并组织以哲学讨论为主题的班会。对于青春期孩子自身，可以选择合适的同学探讨关于哲学思考的困惑，并通过阅读拓展自己的知识面，开阔自己的眼界。有条件也可以到更多地方去旅行，所谓"读万卷书，行万里路"，以此增加自己的人生阅历。

最后，引用伟大哲学家笛卡尔的一句话"我思故我在"，与所有青少年朋友共勉，不要惧怕思考的疼痛，经过淬炼的思想才能摆脱混沌。

（郑晓星）

少年强则国强

——谈青少年责任感问题

> 我们是五月的花海，用青春拥抱时代；我们是初升的太阳，用生命点燃未来。五四的火炬，唤起了民族的觉醒；壮丽的事业，激励着我们继往开来。光荣啊，中国共青团；光荣啊，中国共青团。母亲用共产主义为我们命名，我们开创新的世界！
>
> ——《中国共青团团歌》

小雷是中学生，在父母眼里是一个认真上进的好学生、好孩子，爱学习，爱帮助同学，一直都是班干部，对工作认真负责。可是最近小雷不知怎的开始沉迷于网络游戏。刚开始父母认为可能是现在学习压力大，课后放松放松就好了，也就没有在意，后来父母发现小雷好像变了一个人，沉默寡言，一回家就扎进屋里打游戏，到了饭点也不出来吃饭。妈妈对此感到很担心，但每次询问小雷是不是网络成瘾了，小雷总是敷衍说只是随便玩玩。后来学校的老师也开始反映小雷上课不专心听讲，在课上交头接耳，还偷偷在看小说，老师多次找他谈话都不听，老师这才打电话通知家人。父母勃然大怒，狠狠训斥了小雷一番，小雷突然爆发了，大声嚷嚷着说不想学习了，不想为了父母的面子努力去争取一个好名次。原来在小雷的心里，自己努力学习，努力表现优秀，参加各种辅导班都是在给父母学。他觉得累了，不想再为父母学习了，想做自己，想做什么就做什么，想看书就看书，想打游戏就打游戏。父母对此很是疑惑和震惊，小雷怎么会有这种想法？

其实，存在小雷的这种错误认知的孩子还不少，这类孩子的父母一般都是比较看重孩子学习成绩的，对孩子的各项发展要求都比较严格，一方面投注了很多的精力关心孩子的"成材之路"；另一方面习惯按照自己的想法安排孩子的生活，比较不能容许孩子出错，也很少能够尊重孩子自己的想法，倾向于认为孩子的想法太过于幼稚。在这种精心养育下成长的孩子，可能小时候比较乖巧，但一旦他们进入青春期，开始有了自己的想法，就会想挣脱父母的控制，毁坏父母的教育成果。他们会认为父母只关心自己的学习成绩而不关心自己，学习好，父母就会对自己态度好点，学习不好父母就批评。所以，部分孩子就会放纵自己的学习以"报复"父母的管制。如果说此前孩子的听话是愿意将未来交给父母安排，那此时孩子的反抗无疑是要准备做自己未来的主人，从这个层面讲，这样的反抗是一种进步。做父母的总是不舍得自己的孩子吃苦，总认为自己经验丰富，可以帮助孩子规避很多风险，却没有想过，剥夺了孩子对于自己未来的设想，不让孩子承担经营自己人生的责任，对孩子的自我实现会造成多大的阻碍。父母经常会责怪现在的孩子缺乏责任心，但显然，对于没想过未来的人，很难会对自己的未来负责任，也很难会觉得自己对父母、对社会负有责任。所以，对于小雷这样的孩子，不是要父母花更多的精力去帮助孩子，而是要让父母学会放手，把更多关于生活、关于未来的责任交还给孩子。要让孩子有自己的梦想，并为了自己的梦想成为一个有能力的人，为了自己的梦想付出时间和精力以达到自己的目标。

事实上，青少年责任感的问题，特别是对自己及他人、社会的责任感缺乏问题，一直都备受关注。除了上述提到的小雷这样的孩子，由于被过分安排生活以至于失去了自己对未来负责任的机会，还有一种缺乏责任感的情况体现在"精致的利己主义""熏陶"下成长起来的孩子身上。一篇关于青少年责任感的调查显示，青少年责任感缺乏的状况是令人喜忧参半的，他们一方面对于目前的人类现状有比较清醒的认识，对于家庭、自己未来的责任感比较强，另一方面又表现出利己主义的倾向，对于无关乎自己利益的他人的责任感就比较弱，甚至是漠视，比如不能随便搀扶摔倒的路人，对贫困阶层的人民缺乏同情心等。而对于社会、国家发展的考虑也更多的是基于自己的利益。这也是为什么现在很多青少年会选择出国留学，如果有好的机会就留在国外工作，而不再像早年的五四青年，觉得"国家兴亡，匹夫有责"，可以为了国家的利益"抛头颅、洒热血"。

当然对于这种现象，除了我们之前提到的父母"精致利己主义"的影响，还应该综合多方面因素考虑。首先从社会层面分析，社会的多元化，对西方个性独立化的推崇，使得我们过多地关注自己的利益问题，而忽略了对所处社会的责任。其次是社会经济压力的影响，由于对生存的焦虑，使得个体包括父母过分强调对生存资源的竞争，在个体努力争取更高的社会地位和更好的经济条件的过程中，很容易把个体从一种友好的社会关系中剥离出来，刻意把自己安置在一种掠夺和倾轧的环境中，自然就很难发现人间的真善美，从而也无从谈及对他人的同情心和责任心。最后还要提及我们教育的误区，很多年来，我们教育的重心强调对学生的脑的训练，强调智力的开发，强调升学率，往往忽略了对孩子人格的培养，忽略了对孩子"家国情怀"的培养，这也导致了很多高分者未必高德的状况。当然，我们必须看到我们教育的进步，近年来，教育工作者们也意识到了青少年责任感缺乏的问题，所以现在很多学校强调"先学会做人，再学会做事"。我家孩子一年级入学典礼上就有一项重要的活动，叫作"书人字"，校长给孩子们的启蒙第一课就是要明白"人"是要让自己两脚安置于大地，踏踏实实做人，不浮夸，不急功近利；学会感恩，感谢让我们立足的这片土地。

青少年时期是人生的开端，是一个思考、寻求自我价值及自我实现的过程。著名教育家马卡连柯明确指出："培养责任心，是解决许多问题的教育手段"。由于青少年处在人生的特殊阶段，其世界观、人生观、价值观尚未完全形成，辨别是非能力差，很容易受到社会不良风气的熏染。因此对于青少年的责任感教育问题尤其重要。一是家庭教育。首先，要注意培养孩子的独立、自主精神，给予孩子充分的选择权利和机会，让孩子意识到自己是一个独立的个体，必须对自己的行为负责任；其次，在家庭生活中让孩子学会孝敬父母、关爱他人，在家庭中感受到爱并让孩子明白自我对他人的责任；最后，家长要营造民主平等的家庭氛围，多让孩子参与家庭事务的管理并在孩子可以理解的范围内与孩子探讨，激发他们对生活的责任心。二是学校教育。首先，应该将培养青少年的生活责任感纳入德育的目标体系；其次，要重视人文教育，帮助学生熟悉历史，了解生活发展的规律，理解自我与他人、自我与社会的关系，增强其历史使命感，帮助其领悟人生哲理，为责任感的培养提供内在理性的支撑；最后，学校可充分利用网络资源引导青少年了解国内外大事，关心人类的前途和命运，培养他们的忧患意识，使青少年成为胸怀宽广、视野开阔、目光远大的人。

梁启超在《少年中国说》中写道："故今日之责任，不在他人，而全在我少年。少年智则国智，少年富则国富，少年强则国强，少年独立则国独立，少年自由则国自由，少年进步则国进步。""美哉我少年中国，与天不老！壮哉我中国少年，与国无疆！"少年担负着我们的家国未来，因此培养青少年勇于负责、敢于负责的精神，培养青少年的家国情怀，是我们重要的青春议题之一。

（李　非　郑晓星）

讨厌我的胖

——浅谈青春期的审美与心理

> 我听见回声，来自山谷和心间/以寂寞的镰刀收割空旷的灵魂/不断地重复决绝，又重复幸福/终有绿洲摇曳在沙漠/我相信自己/生来如同璀璨的夏日之花/不凋不败，妖冶如火/承受心跳的负荷和呼吸的累赘/乐此不疲
>
> ——泰戈尔《飞鸟集》

张小英（化名）今年 13 岁，读初中二年级，个子 165cm，体重 49kg。她人缘很好，学习也很好，老师同学都很喜欢她，她也是家长心中的乖乖女。她做事非常认真，一丝不苟，很要强，不服输。她的妈妈在一个二级医院当护士，平常工作也比较忙，但在家中所有事情都亲力亲为，非常认真，不管多晚回家，每天家里所有地方也要打扫一遍，家里来人坐过沙发，她要把沙发套全部洗一遍，不愿出差和旅游，原因是怕外边不干净。对于张小英的照顾非常周到，生活上无微不至，张小英的所有用的杯具每天都要消毒，怕有细菌对孩子不好，张小英的食物更是严格管理，不允许

在外边吃饭，而且，张小英自己也不愿在外边吃，因为吃一次病一次。平常母亲也不批评孩子，要是不高兴，就自己不说话。从小母亲就带着她到处上各种补习班。张小英的父亲在机关工作，经常加班，对于张小英的生活关心较少，偶尔全家一起出去玩一次或在一起吃个饭。

近日她的父母在闹别扭，母亲天天耷拉个脸，也不怎么说话，家里死气沉沉，父亲回家更少了。张小英长了个大脸，身材虽很匀称，她最近不停照镜子，觉得自己太胖了，悄悄地在吃完饭后到厕所去吐，半个月下来，体重变成了42kg。母亲着急地问她怎么了，她很不耐烦地说没有什么。在母亲的劝诱下进入诊所，在接诊过程中我发现，张小英确实很乖，特别怕母亲生气。在母亲不在场的情况下，随着治疗的深入，她一点点将内心的痛苦不安全部娓娓道来。在她的心中，自己就像是个假人似的，一直在讨好母亲，怕母亲不高兴，不和自己说话。她近日看到母亲非常不高兴，感到很害怕，自己也不知道怎么了，不停地看自己，发现自己太胖了，觉得自己要是瘦一点母亲可能会好一点。

青春期的孩子关注自己的形象是一个非常普遍的现象，有部分孩子在一些情况下会出现严重的进食问题（进食障碍），出现厌食现象，有这一类问题的孩子多有心理问题，表现在以下方面。

其一，孩子的父母关系多出现问题。在诊室中常见到父母离异，孩子自责是自己不够好，父母才离异的，虽然父母离异是父母自己的原因，但孩子很难释怀。另外就是与孩子最亲近的亲人出现了让孩子很难接近的情况，孩子不知道如何表现才能修复关系。讨好父母、需要为父母的关系承担责任，这些都是孩子在更早时候给自己的信念，随着孩子的成长，在面对父母情绪问题或关系问题时，在寻找原因时由于倾向于向内归因，孩子总是能够找到自己身上存在的很多让自己觉得不满的地方，青春期的女孩就很经常会嫌弃自己不佳的外貌和体型。所以，与其说进食问题是一个精神障碍，不如说它反映了青春期孩子对于自我完美的期待和渴望通过塑造自己博取外界欢心和世界静好的一种无奈之举。

其二，孩子青春期自我认同感出现问题。在孩子的成长过程中，除了家长，最重要的就是同伴们，孩子特别希望用同伴都认同的价值观去评价自己。在现在以瘦为美的时代，青春期的女孩子随着成长，会关注自己的身材，为了维持自己被大众认可的形象，就像文中的张小英一样，同伴社会要求的美女是能够掌上起舞的"赵飞燕"，她就不敢让自己成为"杨玉环"。对于大脸庞的她，在压力下寻找归属感时，很容易选择让自己瘦下来，减肥带来的同伴肯定的增加非常具有诱惑性，很容易导致个体在这个过程中产生体像障碍，总觉得自己还不够瘦，甚至已经出现病态的瘦，体重指数远远低于正常水平，还坚持在"享瘦"的路上勇往直前。而这是很危险的，因为重度的营养不良，容易出现电解质失衡、心包积液等危及生命的现象。

青春期是孩子相对敏感的年龄段，这个阶段的孩子需要呵护，同样也需要自爱。

作为家长应正确引导孩子的审美观，同时建立和谐家庭，给孩子营造一个相对宽松的环境，让他们安心度过生命的特殊时期。

作为孩子应相互之间不用攀比身体，可以比比学习，在体育、艺术等方面较较劲，展现一下自己的实力，增加自己的信心，告诉自己行，爱惜自己，因为生命只有一次，身体的零件大多数坏了买不到，也换不了。

（肖存利）

生命不能承受之救助

——谈社会援助对青少年自我觉知的影响

> 你遭受了痛苦，你也不要向人诉说，以求同情，因为一个有独特性的人，连他的痛苦都是独特的、深刻的，不易被人了解，别人的同情只会解除你的痛苦的个人性，使之降低为平庸的烦恼，同时也就使你的人格遭到贬值。
>
> ——尼采《快乐的知识》

《东方时空》曾经报道了一个名叫肖想莉的女孩，这个女孩一生下来就被父母遗弃，然后被一对生活极其贫困的盲人夫妇收养。从6岁开始，这个小姑娘就承担了这个贫困家庭的所有家务，买菜、做饭、洗衣服、照顾看不见的养父母，同时她还很勤奋地学习，多次被评为学校的"三好学生"。在她12岁那年，《东方时空》栏目把她作为"东方之子"推向了大众，很多人被她的事迹打动，纷纷对她进行捐助，很多企业也请她去讲课，想让员工学习她在逆境中保持乐观的人生态度。肖想莉平静的生活被打破了，物质的富足让她看到了生活的另一面，不但是这个小姑娘，还有她的盲人养父母，习惯于收到的来自他人的任何一封信都必须附有捐款，假如没有，他们便会怀疑是不是学校或者邮局私藏了他们的钱。养父母、小姑娘不再单纯，所谓"由俭入奢易，由奢入俭难"，当他们感受到了金钱所带来的好处后，他们再也无法忍受当初操劳、窘迫的生活了。肖想莉放弃了继续读书，初中尚未毕业，养父去世，她给家人留了话"要去南方闯天下，苦日子该结束了"就出走了。

这是一个让很多好心人觉得尴尬和寒心的故事，原本以为伸出援助之手可以许给孩子一个更好的未来，没想到最后却将孩子引入了一个扭曲的世界。所以，有时候好心未必就能办好事。对于青春期的孩子来说，他们对世界尚处在探索的阶段，此时的是非观、人生观尚未成型，很容易受到他们所看见的外界的影响，如果此时缺乏正确的引导，孩子就很容易在诱惑中迷失自我。就像肖想莉，她的盲人养父母从小并未给过她太多高尚人格和伟大人生理想的熏陶，从肖想莉6岁就要开始承担那么多的家务，我有时候甚至恶意地揣测，这对盲人夫妇收养这个小女孩的初衷或许就是想找个以后可以使唤的人。当初的贫困限制了小姑娘对生活的想象，也无法让其发展出对于生活的向往，于是她能够和盲人养父母安于窘迫的生活。可贫困一旦解除，欲望就有了成长的空间，追求快乐轻松的生活是本我的要求，对于青春期自我尚未确立，早期养育又缺乏超我的有效监督的孩子来说，听从本我的呼唤，走上一条好逸恶劳的人生之路也就毫不奇怪了。

青少年是一个很特殊的时期，在这个阶段，"我是谁""我属于这个世界的哪个地方"，诸如此类的问题被放在了首位，他们会通过和他人比较来认识自己，此时青少年的自我概念和自尊常常发生至关重要的变化。这就是埃里克森所说的"寻求自我同一性"的问题。这种寻求如果成功，青少年就能够获得自我独特性的觉知并能够明白自己在生活中应该扮演的角色；而如果寻求失败就会导致青少年迷失自我，或者错误理解了自己在生活中应该扮演的角色，这就容易误解生活的意义。如肖想莉，她就误以为她在生活中的意义就是尽可能轻松地尽可能快地挣到钱。所以，对于青少年的社会援助，我们在给予物质援助的同时，还必须慎重考量孩子是否需要精神援助，具体点说就是我们可能还要评估孩子的家庭环境、父母人格力量、孩子心理健康水平等。如果父母本身具有很多问题，比如父母是好吃懒做的人、习惯于做些蝇营狗苟之事的人、对生活充满抱怨和索取的人，等等，对这样家庭孩子的救助，我们就必须加强对孩子人生探索的精神援助，否则单纯的物质援助可能真的无异于给孩子打开了潘多拉的盒子。

还有一种援助有时候也可能容易诱发孩子的心理问题，那就是这些年高考招生中的政策倾斜。国家为了教育资源的公平性，让高校专门留出名额给中西部偏远地区的学生。这些年我在高校帮助给新生做心理评估，发现很多来自中西部偏远地区的孩子入学后出现抑郁、焦虑的情绪，这首先源自他们对自己社会地位和经济地位的觉知，觉得进入大城市，和自己的舍友相比很自卑，也没有共同语言，大城市的孩子掌握了很多时尚的信息、有很多兴趣爱好，自己显得老土、乏味，很难融入同伴生活中；其次，他们面临很大的学业压力，虽然之前初高中在当地是佼佼者，但进入高校发现自己在学习上毫无优势，而且作为政策倾斜的获利者，他们的高考成绩未必比其他同学优秀，这有时也会导致舍友不待见他们；最后，这些孩子承载了很多家庭的期望，父母希望他们能够通过学习改变自己和整个家庭的命运，背负众望艰难前行的孩子在面对落差时就很难调整自己。

所以，这些十七八岁的青少年在对周围环境的观察中，敏感地捕捉到了自己和他人的不同，有时就会导致他们的自我觉知出现问题，只关注自己不如他人的地方，而无法意识到自己的优势，从而因为自卑陷入抑郁、焦虑的情绪。所以，在我们善意地帮助这些偏远地区的孩子站到一个全新的人生舞台的同时，我们也要积极关注这部分孩子的适应问题。有一句话叫作"穷人的孩子早当家"，其实这些来自中西部的大部分同学与大城市的孩子比起来，他们对于人生的责任感和担当是有着更多思考的，对于自己的人生也会有着更切实际的规划，从这个层面讲，他们的这种人生体验是大城市的孩子所不能比拟的。如果把曾经贫困的生活、相对落后的教育看成一种生命的低谷，那么曾经经历过低谷的人相比那些始终站在高峰的人就有了更多探索生活的勇气，因为没有那么多的患得患失，今后人生的每一步都是向着高峰迈进的过程。所以，归根结底，还是自我接纳的问题。如果我们的青少年朋友能够发自内心接纳自己，那么"英雄不问出处"，只要你足够努力，就能获得足够好的未来。

"赠人玫瑰，手留余香"，我们提倡对需要帮助的人伸出援手，这是一种美德，也是社会温情的一种体现。但给出物质很简单，难的是我们的援助能真正有利于青少年的成长。所以，在完善社会物质救助的同时，作为心理工作者，我们也呼吁，应加强对处于困境中的青少年的自我觉知进行正确引导。

（郑晓星）

追逐名牌的孩子

——谈青春期攀比

> 虚荣是追求个人荣耀的一种欲望，它并不是根据人的品质业绩和成就，而只是根据个人的存在就想博得别人的欣赏尊敬和仰慕的一种愿望。所以虚荣充其量不过等于一个轻浮的漂亮女人。
>
> ——歌德

去年暑期开学，表姐家的儿子小健从农村考到城里上高中，住校一个月回家一次。开始一切都还正常，回到家里除了写作业，偶尔约上村里同学小聊会儿。可是一个学期后，小健总是说他的零花钱不够，表姐也不清楚为什么，问起来小健就说需要买学习用具和课外书。表姐一家也就没在意，每月照常给小健生活费，甚至还会多给一些。可是，半年过去后，表姐发现小健越来越消瘦，小健解释说学习压力大。表姐开始有些担心，便更多地留意小健的行为，发现小健回家后，时常通过电话与同学聊天，学习时间减少。表姐便偷看了小健的手机信息，发现在他与同学聊天的信息中，好多是关于名牌衣服和鞋子的信息，表姐一家开始怀疑小健对家里人说谎，虽然当时心中火气很大，但考虑到孩子的自尊，还是忍住了。后来表姐想到了我，好像有一次我对他们提到过要去考心理咨询，就抱着希望给我打了电话，想让我去跟小健聊聊，弄清楚小健到城里上学的这半年到底发生了什么事。

一天周末，表姐如约将小健带到我家里，在与小健的由浅入深的谈话中得知，自从到城里上学，小健看到了许多他之前在老家没听说过，也没有见到过的东西，很是大开眼界。一开始只是觉得好奇，有一种新鲜感，可是一点一点地，小健开始羡慕别人，并认为自己的穿着很没有面子，于是，他便开始学着同学的样子打扮自己。一开始还只是买一些简单生活用品或学习用具，发展到后来，通过节省生活费的方式，购买到了衣服和篮球鞋等。随着对名牌的了解越来越多和结交的朋友圈子越来越"豪"，小健在与同学比吃比穿上的花费越来越多，他每天都在想，怎么还能攒出更多的钱，或是能从家里拿出更多的钱，来撑起自己在同学眼中的阔公子形象。

像小健这样，进入青春期就开始留意自己与周围同学的差距，自觉不自觉地在各方面与同学比较，尤其是在吃、穿、用等物质条件上进行比较，希望能够出风头、获得更多关注的心理，我们称之为青春期攀比心理。这是正处于青春期的孩子们普遍存在的现象，攀比之风在学校时常会引起一场"腥风血雨"。有些学生把大部分的时间花在与他人的比较上，产生了一种虚荣心，攀比心一天比一天强烈。这种外在的攀比就像潘多拉的盒子一样，充满了诱惑，一旦开启就会带来无尽的麻烦。首先，攀比会左右孩子的情绪，胜出则沾沾自喜，落后则沮丧羞愧。其次，会狭窄孩子的眼界，成天耽于物质的比较而无暇留意世界的精彩。再次，会阻碍孩子自我的发展，太多的模仿和修饰导致思想肤浅，无法进行内在世界的充盈。如果孩子无法发现内在自我的力量，就容易在攀比失败时产生巨大的精神压力和极端的自我否定。小健由于产生攀比心理，生活被自己的攀比欲望所左右，逐渐出现焦虑、对家人撒谎、逃避家人等情绪和行为异常。最后，如果攀比心战胜了自身控制力，超过了家庭的经济承受能力，久而久之，如不加以约束和管教，攀比心会日益强大，自控能力差的人会衍生出一系列社会问题，比如欺凌弱小等，更甚者可能会触犯法律。

青春期攀比心理形成的原因除了孩子个人的心理特点外，还有一个就是家庭因素。有些孩子家庭经济富裕，由于家长的虚荣心，为了不让孩子在同学面前掉面子，从而缺少自信心，将孩子打扮成各种名牌服饰的"模特"，造成正处于青春期的孩子产生不良的价值观，不仅造就了孩子自身的攀比心，还引起了其他同学的攀比心。还有的家长是基于一种溺爱心理，将大把金钱给孩子当作零用钱，不管孩子什么时候要钱，都会很痛快，只管给钱，而不管孩子如何花钱，殊不知，大把金钱在青春期孩子手里，由于他们缺少对金钱的管理意识和价值观念，往往会过早接触到成人领域，比如说，办生日宴会滋生攀比心理，生日宴会之后去歌厅舞厅，养成大吃大喝、吸烟酗酒的恶习，染上社会不良习气，很容易误入歧途。

对于青春期孩子而言，"比"是不可缺少的，也是避免不了的。但是，怎样使这种"比"指向积极的方面，引导孩子走出负面情绪，这是我们每一位老师或是家长所面临的问题。处于青春期的中学生们，身体迅速发育，对身边的新生事物天生好奇，由于思维能力的欠缺，往往做出错误的选择。青少年在攀比过程中，往往产生不良歪曲的认知，我们要尝试着与孩子沟通，要及时地了解孩子的真实想法，认真分析对待这种现象，及时进行疏导，不让孩子在攀比的同时产生嫉妒、自卑心理。同样要引导孩子树立正确的价值观、消费观，不要养成超前消费和过度消费的习惯。

（刘锋华）

从未绽放的青春花朵

——谈父母关爱对孩子自尊形成的重要性

> 让青春娇艳的花朵绽开了深藏的红颜，飞去飞来这漫天的飞絮是幻想你的笑颜。前尘后世轮回中谁在宿命里安排，冰雪无语寒夜的你曾空独眠的日子。
>
> ——罗大佑《追梦人》

　　我接到一所高校的电话，让我帮忙去评估一个多次偷宿舍同学东西的女孩的精神状况，我在心里预设了一个猥琐、眼神闪烁的小偷形象。但当我见到小静时，我真的很诧异，眼前的女孩肤色白净，长相甜美，微胖，穿着一件白色的娃娃衫，像个瓷娃娃一样。看上去家境应该不错，我很难也很不忍心将这样的一个女孩和小偷联系起来。我简单地向她说明了我的来意，没有任何的指责和轻视，只是很好奇她这么做的原因。小静告诉我她其实很痛苦，她不缺东西，她也可以自己花钱去买那些她顺手拿走的舍友的东西（她不认为她是在"偷"），她不知道为什么只要看到别人拥有她所没有的东西时，就控制不住地想要毁灭或据为己有。她说她其实对人没有恶意，但就是见不得别人比自己好，害怕同学成绩比自己好，所以拿走她们的学习资料；害怕同学比自己漂亮，所以拿走她们的化妆品。因此，全宿舍同学都抵制她，她已经和同学道歉了，并将东西都还了回去，但似乎大家还是不肯原谅她。所以她很配合我的评估，她希望我能够给出一个建议，让舍友重新接纳她。

我深信任何一个不可控的行为都是对内心痛苦情感的表达。所以我和小静回顾了她的成长过程。小静说她的妈妈是一个非常漂亮的女人，但妈妈从来只惦记她自己的漂亮，从未关心过她。比如妈妈会带小静逛商场，妈妈只买自己的衣服，她也会问小静有没有喜欢的衣服，但每次小静还没回答，妈妈就走开了。谈到青春期，小静更是泪如雨下，她说妈妈从来没有和她说过一个女孩会经历什么事，她刚上初一就来了第一次月经，看到血吓坏了，她告诉妈妈，妈妈却一脸嫌弃地说："你怎么那么早熟呀？我到初三才来的月经。"然后妈妈丢给她一包卫生巾，她不知道怎么用，把有胶的一面贴在身上，结果不仅受罪，还把裤子弄脏了，妈妈对她冷嘲热讽了一番。她胸部开始发育，害怕被妈妈知道，天天佝偻着背。后来好朋友带着她去买了胸衣。妈妈发现了，那带着刺的眼神让她觉得无地自容。小静说，在她家里，妈妈像个女王一样，而她就是个灰姑娘。进入青春期后，她开始发胖，与妈妈的修长优雅比起来更是相形见绌。她感觉自己的尊严在妈妈光彩照人的外表和鄙视嫌弃的眼神下一点点的零落成泥。与此同时，她也发现自己对女性的嫉妒和在男性面前的自卑如野草般疯长。

小静的诉说让我想起了《白雪公主》的故事，王后问："魔镜魔镜，谁是天下最漂亮的女人？"魔镜回答："王后啊，现在您是这个世界上最漂亮的女人，但白雪公主长大后要比您漂亮一千倍一万倍。"于是王后恨极了要抢走她天下第一漂亮位置的白雪公主，一次又一次设计着要毁灭白雪公主。这个故事影射了母亲潜在的对女儿鲜活生命的嫉妒和对自己衰老的恐惧。歌德曾经说：希望和恐惧其实是同一个事物的一体两面。就是说你所希望拥有的东西其实就是你内心恐惧缺乏的东西。王后渴望盛世美颜永久驻留，但她内心知道这是不可能的，对于失去的恐惧蒙蔽了她对白雪公主的母爱。小静的妈妈亦如此，她为了捍卫她的自恋底下所掩饰的脆弱的自尊，有意无意地流露出对小静的贬低和忽略。而青春期女孩自尊的形成很大一部分是源自对母亲的认同、模仿，在这个过程中，母亲的关爱能够为女儿自尊的形成注入和煦温暖的情感，能够让女孩学会有尊严地爱别人和接受别人的爱。很遗憾的是，小静的妈妈不具备这样的给予爱的能力，小静一方面深受母亲自恋的伤害，另一方面也认同了母亲在人际关系中贬低他人的需要。小静偷东西，更准确地说是毁灭她人超越自己可能性的行为，从本质上是为了防御自己在处于劣势时可能遭到羞辱的焦虑。

我们说同性的父母和子女之间存在潜在的竞争关系，但大部分父母都能够将子女视为自己生命的延续而允许子女超越自己，像小静妈妈这样的极端案例还是比较少见的。但小静的行为问题也给我们敲响了一个警钟，就是父母的贬低和蔑视可以在很大程度上毁灭青春期孩子自尊的形成。大家都知道三毛是一个很著名的女作家，但三毛的青春期其实是灰暗苦涩的，因为她成绩不好，所以父母并不曾给她太多的肯定，这也导致了三毛后来爱上了流浪，爱上了荷西。她在散文《一生的战役》中写道："我一生的悲哀，并不是要赚得全世界，而是要请你欣赏我。"这个"你"，是她的父亲。三毛的父亲读了这篇文章后，给她留言："深为感动，深为有这样一株小草而骄傲。"三毛看到后"眼泪夺眶而出"，她写道："等你这一句话，等了一生一世，只等你——我的父亲，亲口说出来，扫去了我在这个家庭用一辈子消除不掉的自卑和心虚。"

青春是人生最明媚鲜艳的阶段，谁不希望自己的生命如花绽放？谁不希望被欣赏仰慕的眼光所注视？青春是虚荣的，而适度的虚荣是青春期孩子的特权，孩子要在一种微醺的状态下体会自己的骄傲和尊严。作为青春期孩子的父母，说教已经不太合适了，打击和贬低则更不恰当。所以，青春是娇艳的花朵，需要父母用爱和欣赏去浇灌。

（郑晓星）

人际关系篇

漂泊的心何处安放

——浅谈寄养孩子的青春期亲子关系

> 在我吃光了你大堰河的奶之后，我被生我的父母领回到自己的家里。啊，大堰河，你为什么要哭？我做了生我的父母家里的新客了！
>
> 我摸着红漆雕花的家具，我摸着父母的睡床上金色的花纹，我呆呆地看着檐头的我不认得的"天伦叙乐"的匾，我摸着新换上的衣服的丝的和贝壳的纽扣，我看着母亲怀里的不熟识的妹妹，我坐着油漆过的安了火钵的炕凳，我吃着碾了三番的白米的饭，但，我是这般忸怩不安！因为我，我做了生我的父母家里的新客了。
>
> ——艾青《大堰河——我的保姆》

王小雨（化名）17岁，今年高中二年级，是个阳光开朗积极向上的男孩子，他经常拿自己开玩笑，是同学和老师眼中的开心果，对别人也很热心，别人的事情比自己的事情重要，不会拒绝别人，是大家眼中的老好人，大家都很喜欢他，都觉得他是个学习的榜样。可最近不知道为什么，小雨突然觉得特别没有意思，觉得自己活得特别累，不愿意上学，也不喜欢在家待着。为求治，他走进了心理治疗室。王小雨说他的父亲是一个计算机编程人员，经常加班工作，经常出差不在家，平常话也比较少；母亲是国企的一名会计，工作比较忙，为人比较强势，在家中要丈夫和孩子都必须听自己的，经常担心孩子和丈夫，对他们干事情非常不放心，也比较爱唠叨，孩子回家晚一会就担心是不是出了车祸还是与同学打架了等，回家后反复盘问。他刚半岁，父母就因为工作忙，把他送回农村和爷爷奶奶一起生活，过年时才回去看看他们。8岁上学时，为了让他有一个更好的学习条件，父母把他从农村接回到身边。回城后大部分时间家里都只有他和妈妈两个人，爸爸经常不在家。妈妈对他要求很严格，他很想念爷爷奶奶，常常一个人在被窝里哭，只要一放假就返回农村去看看爷爷奶奶，一直感觉爷爷奶奶和自己比较亲，只有在爷爷奶奶面前才能随心所欲地做自己，在父母身边比较客气，总是看父母脸色做事，基本不去反驳父母，是父母眼中的听话的好孩子，也比较懂事，特别能体谅父母。帮父母做饭洗衣，但基本上与父母没有更多的交流。

现在社会像王小雨这样的孩子比较多，父母比较忙，孩子就给了老人带，带到比较大了才回到父母身边，其实这对孩子来说是很不好的。在治疗过程中，明显发现王小雨是一个没有自己主见的孩子，永远在看别人的眼色，在讨好别人，像是给自己裹了一层厚厚的壳，在父母、同学、老师面前，甚至在陌生人面前都是在察言观色、谨慎行事。在外表现得没有情绪，没有不愉快，但内心深处很难体会到真正的开心，时常觉得孤独。在治疗的过程中，被问道"你想要什么，你想要别人帮你什么"时说不出来，觉得自己不应该给别人添麻烦，但明显身体后仰，小动作多起来了，这是一种不安的表现，提示王小雨一贯以来内在与外在表现在人际互动中常常是分离的，也就是身体在不满，但语言层面根本就不敢表达。这种现象在长期寄养的孩子身上经常出现，表现为没有自我，都是别人的感受为先；这类孩子还有表现为攻击父母，对父母的所有要求都进行反对，在青春期成为家长眼中的问题孩子；也有自暴自弃，觉得自己干什么都不行等。

现代社会职场压力越来越大，职业女性在抚养子女和发展事业上分身乏术，寄养现象已经越来越普遍。但父母在决定将孩子交由他人抚养时要特别注意，在更换孩子抚养人（由爷爷奶奶带到由父母带）的过程中，孩子是需要适应的，因为有太多的习惯不同，教养方式、行为模式，甚至是对错观念等都有差异，父母在教育过程中还要说孩子很多原来允许的行为，现在变得不允许了。孩子的感受是：我爷爷奶奶管我这么多年，他们把我给了"两个陌生人"来管我，爷爷奶奶不爱我了，不要我了。这"两个陌生人"还欺负我，我干了这么长时间的事情不让我做了，这"两个陌生人"不爱我。在孩子幼小的心里会不断评估这些变化的行为和模式，内心冲突也就自然出现了。而父母的感受：你是我的孩子，我要对你负责任，在城市和农村不一样，应该适应城市生活，我必须让你尽快适应这里的生活。于是从修正每一个"发现的不好行为"开始，父母与孩子的冲突便愈演愈烈。孩子小的时候，离开父母没法生存，只能"忍气吞声"，到了青春期自我力量开始发展，这样的内心冲突就会演变成外在的冲突，孩子和家庭就会出现很多的问题。建议有寄养孩子的家庭，在孩子回来后要多与孩子进行沟通，达成共识，让孩子理解父母当时的困难，同时，父母也要理解孩子回到父母身边后的委屈和不安，以及有更多需要适应的行为和习惯，达成相互的理解及相互的情绪平衡。

（肖存利）

不受欢迎的优等生

——谈青春期同伴地位

你的青春就是一场远行，一场离自己的童年，离自己的少年，越来越远的远行，你会发现这个世界跟你想象的一点都不一样，你甚至会觉得很孤独，你会受到很多的排挤。度假和旅行，其实都解决不了这些问题，我解决问题的办法，就是不停寻找自己所热爱的一切。

——韩寒

小鹏是个高一的学生，他很努力，成绩很优秀，考试从来都在班级前五名。他个子不是很高，五官长得都还行，但整个人给人感觉不是很舒服，有一种故作的成熟和深沉，缺乏年轻人的朝气。他来做心理治疗的目的是要改善自己的人际关系。他说小学的时候自己在班上还有几个好朋友，但初中后进入一个新的班级，他越来越难和同学发展友谊。班上同学分成两个圈子，成绩好的和成绩不好的。成绩好的同学都不愿意搭理他，他觉得可能是因为别人嫉妒他，毕竟文人相轻嘛；成绩差的同学除了问他问题，其他时间也不想和他玩，他猜可能是因为别人自卑，自己曲高和寡。实验课老师让自由组合分成小组，从来没有人邀请他，每次都是到了最后和几个"没人要"的同学凑成一组，大家做实验都不积极，他总要督促别人完成，但最后成绩不理想还招致同学对他的厌烦。他曾经追求过两个女生，但都被明确拒绝了。他觉得这些女生都是爱慕虚荣的，虽然他说不清楚她们的虚荣是什么。他热心主动地要给她们讲解题目，可她们却说他很烦，叫他不要打扰她们。小鹏现在对追求女生也很心灰意懒，因为可以明显感觉到班上的女生都很嫌弃他，他每次关心的询问、主动的帮助都会被女生们视为烦人的行为。上了高中，小鹏的成绩依然优秀，可他的人际关系毫无转机，不但在现实生活中建立不了关系，在校园 QQ 网上他的发言也从来没人回应。他想是不是同学嫉妒他是个乖学生，为了显示自己不是个好学生，有时候他故意在网上询问老师布置的作业，但还是没有同学搭理他。现在他又有了一个喜欢的女生，他和女生表达了自己想和她发展朋友关系，结果女生骂他是神经病。小鹏感到自己已经和同学们不在一个世界了，他觉得沮丧，不知道是哪里出了问题，所以寻求心理治疗的帮助。

我们从小鹏的表现可以看出来，他的性格是有一定缺陷的，他在与人交往时更多的是站在自己的角度去考虑问题和提供帮助，他很难去理解别人的感受，或者说他很难理解别人喜欢的相处模式或需要的帮助是什么。这也就是我们所说的情商比较低。同时小鹏对同学嫉妒和自卑的猜疑也是源自他自己内在的嫉妒和自卑。他的父母对他比较严苛，很少肯定他的表现，经常挑剔他的各种不良生活细节。优异的成绩是小鹏唯一能够向父母证明自己的东西，成绩是他的骄傲，他内化了部分父母的态度，觉得同学应该因为自己成绩优秀就尊重、欣赏、仰慕自己。他有个潜意识的幻想，就是如果他的成绩足够好，同学应该对他亦步亦趋并在他面前表现得谦卑，就像父母每次都会因为他的好成绩奖赏迁就他一样。所以他轻率鲁莽地追求异性并为异性的拒绝感到诧异。小鹏的故作老成也很容易引起同学的反感，因为青少年的情感总体上是比较单纯的，大家会更喜欢随意的交往方式。小鹏刻意表现出来的态度会让同学觉得他不真诚，太假。而对于小鹏而言，他只有把自己放在圣人的位置上才能抵抗自己内心对于犯错误的焦虑，这种防御也让周围的同伴觉得有压力，谁也不喜欢处在被一个站在道德制高点上的人批判的风险中，所以大家下意识地选择对他敬而远之。

对于青少年来说，人际关系是生命中非常重要的议题，因为他们必须在与人交往的过程中才能确定自己的位置和实现自己的尊严。青少年对于确定谁受欢迎、谁不受欢迎是非常敏感的，事实上，寻求同伴中受欢迎的位置可能是部分青少年生活的核心。对于青少年在社交中的位置划分，罗伯特的《发展心理学》提出了更为细化的四个类别：受欢迎的青少年，指的是能够得到大部分同学认可并愿意交往的青少年；有争议的青少年，指被一些人喜欢同时被另一些人讨厌的青少年，比如一个善辩的青少年可能在一个辩论团队中很受欢迎但在其他场合却会因为其具有攻击性而被排斥；被拒绝的青少年，指被所有同伴都拒绝的青少年，我们上述案例中的小鹏就是属于这一类型的青少年；被忽视的青少年，既不被同学喜欢也不被讨厌，很难引起别人的关注。显而易见，受欢迎和有争议的青少年在人际交往中可以有更多的互动并体会到更多的自我魅力，而被拒绝和忽视的青少年则会在人际交往中体会到更多的挫败感而因此影响自己的自尊水平。

对于小鹏，我们首先要帮助他找到他身上具有的能够为特定群体接纳的特质，比如他爱唱歌，在唱歌时他可以很放松并且可以较好地与人合作，因此可以经常让他和有着共同唱歌爱好的同伴一起活动，让他从被拒绝的青少年变成有争议的青少年。其次，我们要取得小鹏父母的帮助，改变他们对待小鹏的方式，以肯定和鼓励代替贬低和指责，慢慢增加小鹏对内在自我的接纳程度。当然，很多时候，知易行难，由于父母自身成长的局限性，他们可能很难控制自己对于子女的挑剔，所以最后，心理治疗提供给小鹏的无条件的接纳、爱与温暖可以让小鹏去处理他内心的冲突、放下带刺的防御，轻松地做自己。当他能够接纳真实的自己时，他就能够获得内在的同一性，就能恢复自己青少年的本质，以一种开放、接纳的态度与人相处，自然而然，他就能得到更多同伴的喜欢，在社交中获得自己的尊严，然后更喜欢自己，形成良性循环。

究竟是什么决定青少年在同伴中的受欢迎程度，国外有专家对大学生群体进行过研究，结果表明，男生会更容易喜欢漂亮、成绩好、聪明、爱运动、高情商的女生，而女生则更喜欢爱运动、成绩好、高情商的男生。这提示我们在青少年阶段发展自己的运动能力、展露自己的聪明才智、提高人际交往的能力对自己的社交地位有重要的作用。当然，我们要认识到，上述只是一些外化的条件，我们可以努力去达成，有助于我们在同伴中的地位提升。但从心理学层面来说，真正决定青少年在社交中感受的还是自己内在的心理成长，像小鹏，如果他不去处理自己内心对人际交往中可能受到伤害、贬低的恐惧和防御，如果他不去察觉自己潜在的控制人际交往的需要，即使他成绩很好，他也很难受到同伴欢迎。

青春是一首华美的乐章，渴望被聆听、被欣赏。但曲子再好，如果内心充满恐惧和担忧，也很难得到别人共鸣。因此，获得同伴的喜欢、提升在同伴中的社交地位，最关键的是学会接纳、喜欢自己。

（郑晓星）

被父母专有的孩子

——谈青少年的同伴交往

你们的孩子并不是你们的孩子/他们是生命对自身的渴求的儿女/他们借你们而来，却不是因你们而来/尽管他们在你们身边，却并不属于你们/你们可以把你们的爱给予他们，却不能给予思想/因为他们有自己的思想/你们可以建造房舍荫庇他们的身体，但不是他们的心灵/因为他们的心灵栖息于明日之屋，即使在梦中，你们也无缘造访/你们可努力仿效他们，却不可企图让他们像你/因为生命不会倒行，也不会滞留于往昔/你们是弓，你们的孩子是被射出的生命的箭矢/那射者瞄准无限之旅上的目标，用力将你弯曲，以使他的箭迅捷远飞/让你们欣然在射者的手中弯曲吧/因为他既爱飞驰的箭，也爱稳健的弓。

——纪伯伦《论孩子》

　　小芳今年初三了，父母对她能否考上一个重点高中非常重视，妈妈安排了一次家庭会议，主题就是如何帮助小芳更好地把精力集中在学习上。父母讨论的结果是小芳除了学习，其他的事情都是次要的，青春期的朋友关系是不稳定的，没有必要将时间花在没有意义的交往上，鉴于以前小芳喜欢在QQ上和同学聊天，决定暂时没收小芳的手机，取消小芳和同学出游的安排，以免在交往中男女生走得太近，出现早恋的风险。小芳从小学小提琴，她本来在一个乐团担任首席小提琴手，在乐团里小芳也有很多可以谈心的好朋友，小芳的父母认为这也影响小芳的专注学习，也要暂停小芳的乐团活动。小芳很生气，表示不能接受父母的安排，可父母说了，就这一年的时间，必须全力以赴学习，考不上重点高中就意味着考不上名牌大学，所以就这样决定了。以后父母都会多花时间陪伴小芳，不会让她一个人孤军奋战的。

　　父母确实说到做到，都放弃了很多自己工作上升迁的机会，全心全意陪伴小芳备战中考，为了避免小芳课后和同学出去玩，父母天天开车接送。可是小芳却越来越不开心，由于她从来不参加集体活动，放学也从来不和同学联系，她和大家的关系越来越疏远。父母的陪伴无法消除她被同学隔离的孤独。原先父母以为和孩子相处时间多了，会增加亲子感情，可没想到，小芳越来越不爱和他们谈心，每天一回家就把自己锁在屋里，除了吃饭时间，其他时候都拒绝和父母在一起。有时候父母想安排一些短途旅游让小芳缓解一下学习的压力，可小芳根本就不领情，经常对父母流露出不耐烦和嫌弃的神情。

　　父母原先的计划是通过让小芳的生活变得单纯化，学习成绩能有一个长足的进步，没想到期中考居然好几科不及格。父母担心小芳是不是谈恋爱了，找老师交流，老师说小芳这学期开始状态不太好，总是独来独往，上课也不听讲，有一次老师批评了她几句，她竟然冲老师大嚷大叫，说什么"见不得我开心是吧？都想管死我是吧？"之类的话。老师也很奇怪，原先挺听话的小芳怎么变了个样。父母偷偷看了小芳的日记，小芳在日记里凌乱地写着："暗无天日的监牢，如果重点高中是你们唯一的出路，那就一起死吧……如果非要让我在音乐和学习之间做出选择，我真想找个人放放血……多么可笑，那么腐朽的思想居然敢那么自以为是，你们有什么资格成为我的朋友？"父母不能理解孩子心里怎么能有这么多对自己的怨恨呢？也觉得特别伤心，没想到为孩子付出了那么多竟然换来这样的结果，更觉得很失落，隐隐觉得孩子已经要挣脱自己的庇护，好像孩子已经不再属于自己了。

很明显，小芳的问题和父母限制小芳的同伴交往，让小芳陷入同伴的人际隔离中有关。青春期正是孩子逆反的时候，父母如何还能这样安排孩子的生活呢？小芳其实是在以一种自我毁灭的方式来反抗父母专制的安排。从小芳和父母之间关系的问题我们可以看出，小芳父母在对青少年同伴交往上存在的几个误区。

误解一：除了学习和锻炼身体，孩子在其他方面没有必要花太多时间与同伴在一起。

绝大多数处于青春期的青少年都在上中学。在不少父母看来，孩子这个时期的主要任务就是长知识、长身体，因此，同伴交往也要以此为中心。中学生不应该玩耍，因为那是小孩子的事；中学生也不要去考虑什么情感问题或人生问题，因为那是大人的事。基于这种认识，许多家长只鼓励自己的孩子与同伴一起学习、一起锻炼，却不赞成他们与同伴一起玩耍，更不愿意他们与同伴在一起"胡思乱想"，讨论一些与学习无关的"不着边际"的问题。这种选择性交往的主张似乎很理智，但是，它却不符合青少年此时的心理特点，很难行得通。不错，中学生确实是要长知识、长身体，他们因此需要学习性的同伴关系（如学习小组）和课外活动性的同伴关系（如一起踢足球），但是，这还不够。一方面，中学生毕竟还不是成年人，还保留小孩子的一些心态，还需要共同玩耍的伙伴；另一方面，中学生又正在长大成人，他们需要一个知心的同路人，一起来确认自己的身份特征，一起去了解将要走进的成人世界。这两方面的需求使得他们需要建立友谊性的同伴关系。对中学生来说，友谊性同伴关系是心灵成长的需要，可能比前面两种同伴关系更加重要，他们也会为此而花更多的时间和精力。

误解二：青少年有疑难时应该找爸妈，同龄人年少无知，提供不了什么帮助。

在一些家长看来，最了解孩子的是父母，最关心孩子的也是父母，因此父母是孩子寻求理解和支持的最佳对象，青少年如果对情感和人生问题有什么疑惑，应该向父母请教。同龄的伙伴一样缺乏人生经验，自己都充满困惑，与他们交流这类问题，顶多是同病相怜，不会有什么好处。这种想法，恰恰说明一些家长并不了解自己的孩子在青春期的心理变化。对于生活，这个时期的青少年更重视亲身体验，而非间接经验。他们最需要的是心心相印的朋友，而不是经验丰富的向导。当然，他们也会向家长和老师请教，向书本请教，但是，间接的学习代替不了自己的探索。作为一道探索的同伴，同辈群体的一些功能是父母无法替代的。这些功能主要有：（1）探索自我，确立新的自我概念。在父母眼中，孩子永远是孩子，因此，一般情况下，父母很难帮助青少年确立新的身份，同伴群体却可以做到。（2）寻求理解和支持。这种支持主要是提供群体归属感，为青少年特有的心理和行为提供合法性，不一定是具体问题上的帮助。（3）获得地位。青少年在同伴关系中获得自己的地位和声望，对他们来说，这种地位可能比家长的认可和老师的赞许还重要。（4）克服孤独，提供情感上的支持。一些研究发现，青少年面对的最大的问题之一是孤独，他们比成年人甚至老年人更加孤独。这些功能表明，青少年的同伴友谊远远不是同病相怜那么简单。

青春期的青少年对自己有一种不安全感和焦虑感。他们的人格还没有定型，身份还没有确定，很容易受到伤害。因此，他们与身边的朋友聚在一起，相互支持，为他们自己建立一种防范性的边界，共同面对成人世界的挑战。心理学的研究发现，青春期一个重要的心理需求是拥有关系密切的朋友，一同分享内心的情感，一起分担成长的烦恼。青春期之前，青少年较多地向家庭寻求支持，更愿意向父母坦露自己的情感，但在青春期，他们转向同辈群体寻求支持，对朋友的自我袒露增加。他们需要有密切的朋友来陪伴自己、支持自己、理解自己、关心自己。当然，同伴友谊有其局限性。在青少年的人生探索过程中，不能没有父母和老师的指导。称职的家长不会放弃对孩子的指导，也不会强迫孩子只服从自己的指导，而是力图将家长指导和同伴支持很好地协调起来。要实现这种协调，家长首先要尊重和理解孩子的同伴友谊。

误解三：青少年与同伴交往多了，与爸妈就疏远了。

一些家长看到孩子与同伴在一起时有说有笑，与自己在一起时却寡言少语，不免有一种失落感。尤其是当孩子有了秘密只与同伴分享，而不愿意告诉父母时，一些家长心里很不舒服。这些都给人一个印象：孩子亲近了同伴，疏远了父母。少数家长因此而对孩子的同伴怀有几分敌意。其实，对这种现象，父母应该高兴才是。青少年能够成功地摆脱对父母孩童般的依恋，建立起同伴友谊，是他们走向成熟的重要一步。迈出这一步，并不意味着他们与父母的感情变淡了、与父母的心理距离变远了，而只是意味着他们与父母的情感交流方式正在转变，如果进展顺利，他们将会在一个新的基础上表现出对父母更加深厚的感情。

因此，在一定程度上，建立亲密关系的能力是在家庭中学会的。青少年与父母关系的好坏对于他们的社会适应能力有着显著的影响，与父母关系好的也比较容易跟同伴建立亲密关系。对于孩子的同伴交往，父母如果善解人意，胸怀宽广，就不仅可以帮助孩子获得同伴友谊，而且可以赢得孩子更深的爱戴。

（杨　阳　郑晓星）

喝了孟婆汤的妈妈

——谈青少年感恩的重要性

> 父兮生我，母兮鞠我，抚我，畜我，长我，育我，顾我，复我。
>
> ——《诗经》

2017 年 12 月 16 日，在浙江的新少年作文大赛现场，高二女生申屠佳颖写了一篇文章《孟婆汤》，讲述了她对因为车祸失去记忆，已经 69 天没有和她说话的母亲的思念和忏悔。在母亲健康的时候，和所有青春期的叛逆孩子一样，申屠佳颖厌烦母亲的唠叨、批判母亲的肤浅、反感母亲的世俗功利，母亲在她眼里就是一个油腻腻的中年妇女，她不屑于与母亲为伍。而当她站在了失去母亲的边缘，她再也听不到母亲对自己的唠叨时，她回忆起母亲对自己点点滴滴的关怀，深深体会到在母亲的碎碎叨叨的啰唆中所包含的对自己深深的爱，忏悔自己对于母亲的不耐烦、忽视和贬低，她在作文里写道："我常常打开微信点开母亲的对话框，那是母亲车祸前三小时发来的'鸡汤'，我甚至懒得把它读完。六十九天，我没舍得删，从'十年苦读竟成空心人'到'首要的是学会生活'，一共一百八十个字，字字扎在我心里。""我以前总以为母亲功利愚昧世俗做作，我想要自由和梦想，我对她冷漠和苛刻。直到，真正失去的那天。我歇斯底里。"

文章让很多人泪目，因为它触及我们内心最柔软的那部分情感，那是孩子对于父母爱的需要和渴望；它也引发了我们最深刻的忏悔，那是我们对父母爱的轻慢和无视。也许这是很多人的劣根性，对于爱，我们总是要等到失去的时候才能想起来要珍惜，而拥有的时候我们总是挑剔地感觉自己被束缚。尤其是进入青春期，我们向往自由和独立，我们捍卫自己对人生的见解，于是我们渴望挣脱父母的束缚，我们嘲笑父母的担心是杞人忧天，甚至我们为父母不信任我们具备独当一面的能力而愤怒，我们经常忘记了我们的生命源自何处，我们刻意忽略了我们的远离带给我们的生命源头的担忧和落寞。我们一边安之若素地享受着父母的付出，一边指责父母没有给我们足够的民主、自由和尊重，我们对一切充满了批判，我们忙碌地追逐生活，我们做了很多很多事，可我们唯独忘记了感恩如空气般环绕我们的父母之爱。

事实上，青春期孩子和父母之间的很多冲突和矛盾正是源自孩子对父母缺乏感恩之心。当要求和抱怨代替了感恩之后，思想趋于成熟的孩子必然可以找到很多父母让自己不满意的地方。没有了感恩的意识，挑剔就代替了包容，于是青春期孩子就对父母有了很多看不起和疏远，更有甚者，用伤害自己的方式来报复父母。最近看到了两起用自杀威胁反抗父母的案例，心里特别不是滋味。最近一起就在 2017 年的平安夜，杭州一位 14 岁的少年，因为做作业被妈妈骂，一声不响爬上阳台窗户就要跳楼，幸好妈妈发现及时，死命拉住，坚持了 20 分钟，警察来了才将少年解救下来。再往前是 2017 年的 9 月 10 日晚上，也是杭州的一个 14 岁的男孩被母亲训斥没收手机后，跳进河里。随后父亲和警察在河里搜救打捞，但一直毫无踪迹。父母快要急死了，11 日凌晨孩子奶奶打电话说孩子已经回家了，原来跳河后孩子迅速游到河对岸，然后在外待到凌晨才回家。相信这两个不是个案，现在动不动就以死相逼的青少年还是不少见的，当然这不单纯是青少年的问题，一定是和媒体宣传、家庭养育、社会环境等综合因素相关的。在这本书里，我们已经有很多文章谈了家庭对孩子心理健康的影响，所以在这篇文章我更想探讨缺乏感恩的心会对青少年朋友造成什么样的消极影响。

首先，没有感恩意识就容易把父母放在自己的对立面，于是在处理自己和父母的关系时，不是想着如何与父母和谐相处，而是想着如何抗争才能让父母妥协，于是就容易走上以死抗争的极端之路。这是一条不归路啊，有可能一次就真把自己玩死了，也有可能威胁成功，取得了暂时的胜利，但和父母的关系就尴尬了，父母不知道该如何对待你，所以你可能操控了父母但很难再和父母亲近了，这是两败俱伤的选择。其次，缺乏感恩之心就会蒙蔽自己发现真善美的眼睛，就很难让自己体会被爱的温暖。如果你的内心被怨恨所占据，你带着痛苦和不满去看世界，那世界呈现给你的就很可能是尔虞我诈、坑蒙拐骗的景象，你感受到的就是不公平和绝望，这就是佛所说的"你所见皆你所想"。你只关注人性中不好的地方，然后你不停地向别人强调你所发现的人性弱点，那换作谁也不愿意费死劲地向你展示自己的友好。这就是"人至察则无徒"的由来。感恩意味着让你放下成见，用包容的心接纳别人的不足，用欣赏的眼光分享别人的优点，这不是让你委屈自己去成全别人，而是真正救赎自己受困于怨恨中的心灵。学会感恩才能让自己有能力感受快乐。最后，感恩可以很好地拓展你的人际关系。感恩意味着你对别人付出的努力的肯定，中国有句古话叫作"士为知己者死"，你总是能够站在别人的角度去理解肯定感谢他人的付出，那么被你理解的那一方会觉得欣慰，他就愿意和你亲近，你的人际交往就很容易进入一个良性循环。

感恩以及由感恩带来的爱的体验的好处非常多，能够真正地帮助青少年在迷茫的青春期有勇气去探索人生，因为能够感受到来自各方面的关怀和爱为自己保驾护航，青少年的锐意进取就有了可以回归的安全基地。而不懂感恩，像一只刺猬一样防御危机四伏的外在世界，只会让自己陷入孤军奋战的绝望和无力中。

再回到申屠佳颖对母亲的怀念中，青少年朋友学会感恩最重要的是要收起自己青春期的锋芒毕露，用更为耐心和温和的态度与父母相处。周国平说过：对亲近的人挑剔是一种本能，但克服本能，做到对亲近的人不挑剔是一种教养。当然，对于父母来说，培养孩子的感恩之心，以身作则向孩子示范对于生活的感恩，这对于处理和孩子的关系将是一个双赢的法宝。或许有时候我们的父母确实具有这样那样的缺点，他们会口不择言地辱骂我们，他们会面目狰狞地惩罚我们，他们自己不求上进却要我们担负起他们的梦想，他们不切实际地逼迫着我们去攀爬令人望而生畏的高峰。但不管如何，父母在努力地爱我们，但因为他们自己成长过程中受到的伤害，限制了他们成为更通情达理的父母，在让你痛苦的同时父母自己也很痛苦。所以试着原谅父母做得不好的地方，当你无法改变父母的时候，怨恨于事无补，而尽量去感恩才能保护自己从痛苦中挣脱出来。因为当你努力去给自己寻找可以感恩的理由时，当你找到可以感恩的哪怕只是一件小事时，你也会觉得生活不是你想象的那样暗无天日，而或许正是这一点穿过黑暗的亮光就能够让你保有对生活美好的期待。最后，与所有青少年朋友共勉，努力让我们成为一个具有感恩之心的有教养的人，于细微处见美好。

（郑晓星）

反复被学校邀请的孩子家长

——浅谈老师与家长对于孩子问题的沟通

> 无须时刻保持敏感，迟钝有时即为美德。尤其与
> 人交往时，即便看透了对方的某种行为或者想法的动
> 机，也需装出一副迟钝的样子。此乃社交之诀窍，亦
> 是对人的怜恤。
>
> ——尼采

　　王小闹（化名）今年14岁，刚上初二，是个活泼开朗的男孩子，热心帮助别人，很有爱心，经常在路边经过乞丐时会将自己的零钱给出去，不管别人说什么，他都说："把尊严放下去做乞丐也是需要勇气的，我也支持一下。"父母均是公务员，在家也经常在忙工作，孩子在说话时常常需要很大声才能得到父母的回应，而父母经常还只是一边干别的事情，一边在给孩子答复。平常孩子由奶奶带领，比较喜欢乐器，经常在学校的乐队中出现他的身影。他学习中等，在班上也有不少朋友。但王小闹从幼儿园开始就几乎每年家长都要被老师请去"为了孩子的问题"进行交流，有时候是与同学打架，有时候是毁坏了学校公物，有时候是上课不听讲，有

时候是没有交作业，等等，诸如此类违反学校纪律的事情。孩子在长大，老师的邀请没有停止。近期学校紧急排练乐队，进行行进乐队的表演，王小闹被选中去乐队训练。在训练中一边是老师焦急的喊号声，一边是王小闹和前面的同学嘻嘻哈哈的交谈声，甚至他竟然与前边的同学自行更换了乐器在嬉闹，影响了整体乐队的训练。老师看在眼里急在心里，将王小闹和前面同学狠狠批了一通，并邀请家长来学校。家长到学校后看到老师铁青着脸，老师说："管管你家的孩子，学校下周就要参加十一国庆各个学校举办的乐队表演，我们感觉都已经火烧眉毛了，你家孩子还在训练时候故意与别的孩子嬉闹，在家家长进行教育一下，希望他能听从我们的指挥。"

像王小闹这样的学生不是少数，家长和老师头疼又无可奈何，有的是作业问题，有的是人际关系问题，等等，到底是什么原因导致这些问题的出现呢？

王小闹处于青春期，在王小闹的成长过程中，家庭虽然没有冲突，但王小闹需要大声才能获得父母的回应，也就是这样的交往方式，让孩子以为只有大声或者是与别人闹才能引起注意，获得关注和爱。这是孩子在家中学习来的一种交往方式，要想获得关注就要制造点什么出来的心理逻辑。在与王小闹的交流中，王小闹说："自己觉得无聊，也不知道为什么就是想和他们瞎玩玩，其实也没有什么。"

家长在这个阶段处理老师邀请时，需要和老师做好沟通，保护孩子脆弱的自尊心。因为老师在这个阶段是非常生气和无奈才邀请家长到校，家长的角色变成了老师和孩子的桥梁，孩子行为的对错姑且不谈，老师需要的是家长的态度和信念。作为家长，需要感谢老师的信任，支持老师的情绪，肯定老师的付出，需要与老师讨论孩子行为背后的原因，获得老师的理解并得到老师下一步的帮助。同时家长还要与老师一起讨论如何处理孩子的问题，尤其是青春期的责任担当部分（当然这一切都是建立在爱孩子的基础上）。同时也要关注孩子，改善家庭中的沟通方式，给孩子专属的陪伴时间，减少孩子需要大声说话才能给予回应的沟通方式的发生频率。

　　家长对孩子也要进行教育，获得孩子的支持与理解，与孩子讨论换位思考，如果孩子是老师，这时是什么情绪，会如何处理这件事，想和孩子说什么，想让孩子配合什么等，让孩子反思自己的行为造成的影响，必要时支持孩子一起去道歉。这个环节非常重要，如果处理不当，会让孩子出现因为讨厌某一个老师而出现影响这科的学习的情况，更有甚者会出现厌学的情绪。

　　老师是孩子人生的一盏灯塔，是一个方向、一个榜样，孩子的每一个行为的影响可能是孩子一生的选择发生变化，也需要老师保护孩子脆弱的阶段。

　　对于孩子来说，人生都有一些创伤，所有的创伤中都埋有宝藏，需要我们在挫折中成长，在挫折中历练。

（肖存利）

脱缰的野马

——谈家长对青少年的管教问题

青春不是年华，而是心境；青春不是桃面、丹唇、柔膝，而是深沉的意志、恢宏的想象、炙热的情感；青春是生命的深泉在涌流。青春气贯长虹，勇锐盖过怯弱，进取压倒苟安。

——塞缪尔·厄尔曼《青春》

一直学习成绩很稳定的小强，上初中后变得不爱学习了，用妈妈的话说，就是"怎么越来越没有上进心了？以前特别爱念书的一个孩子，特别听话的孩子，对家长安排的学习每次都能按时完成，多少家长都羡慕我有这么一个不用操心的儿子，可是，现在不知怎么了，上初中以后竟然连最喜欢的数学题都经常完不成，有时候好几天都不去翻翻书"。小强的妈妈苦恼地倾诉着。小强妈妈一向对孩子的学习非常关心，为了能让孩子安心学习，甚至把家都搬到了学校附近。可是现在孩子的退步让她焦躁不安、脾气暴躁，用她自己的话说，"想起来就烦得不得了。跟孩子说了几次，都是一副无所谓的样子。我是吵也吵了，骂也骂了，甚至为了了解孩子的情况，偷偷看了孩子的手机，担心他被坏孩子带坏了，结果被小强发现，为此与孩子发生了比较激烈的冲突，孩子开始逐渐地疏远我这个妈妈了"，说到这里，小强妈妈忍不住抽泣起来。

跟小强交谈后发现，这个孩子的自尊心很强，对别人的批评很难接受。上中学以后，学习环境发生变化，竞争更加激烈，有很多同学的成绩都比自己好，小强失去了之前的优越感，觉得自己不再是老师的"宠儿"，甚至觉得妈妈因此对自己也不如从前那样百般宠爱了，所以无法接受，开始"破罐子破摔"，自我放弃了。学习带给自己的奖励感、愉快感逐渐减少，非常沮丧，又不愿意拉下脸跟老师和母亲沟通，觉得寻求帮助是一件很没有面子的事情，导致自己的学习越来越差。母亲又是一个对孩子非常严厉的家长，平常的交流中充满了命令，对孩子的事情总是一开始就否定，小强觉得妈妈"为了控制自己，竟然偷看了自己的手机，这还是那个嘴上总是说相信自己的妈妈吗？"激烈的冲突后小强关闭了对外界的"心门"，不接受任何人的帮助。面对这种情况，母亲无所适从，焦虑烦恼，孩子也焦躁不安，时不时就有愤怒和暴躁。

面对青春期的孩子，很多家长最头痛的就是感觉到孩子不服管教了，经常听一些青少年的家长发出这样的感叹："孩子越来越大了，也越来越不听话，有时你说几句话，他们总会有理由反驳你，并且让你没有还口之力。""我只要跟孩子一说话，他就烦，有时转身回到自己的房间，关上门，不理你了，你说我养活他这么大，我做错什么了？"家长眼里的孩子们这都是怎么了，前几年还好好听话的乖乖女，或者是听话男孩，好像一夜之间就变成了"脱缰的野马"，一点都不服从父母的管教，还多有顶撞行为？大部分家长面对这匹陌生的"野马"都很有挫败感，尤其是曾经全身心安排孩子生活的家长更是觉得生活都无所适从了。

其实如果家长能够尊重青春期孩子对独立的追求，学会适当放手，很多问题就迎刃而解了。要明白，哪里有压迫，哪里就有反抗。孩子的不服管教有时是对感受到的束缚和限制的反抗，小的时候孩子习惯于依赖家长，自身的力量也比较弱小，可能没有意识到这种束缚与限制，就是意识到了也无法反抗，但随着年龄的增长，进入青春期，孩子们对世界有了越来越多的认识，对生活也形成了很多自己的见解，一个全新的有力量的自我在迷蒙中跃跃欲试。此时的孩子好面子，渴望获得父母的认可，渴望独立解决问题，羞于向父母求助，对自己的隐私权非常重视，甚至很想挑衅父母的权威。就像我们案例中的小强，不愿让父母看到自己"不能"的一面，强硬地捍卫自己的私人领地，敢于背离母亲为自己安排的生活轨道。无疑，孩子突然脱离了自己的安排，感觉与孩子的距离变得越来越远，甚至有了一种陌生的感觉，这会让父母感到恐慌和担心。但从自我成长的意义上来说，这是一种进步。

在我们国家，很多家长只有在孩子走向社会后才把孩子当作成人来看，在这之前，经常忽略了孩子在童年向少年、少年向成年的过渡阶段的心理成长，这就导致孩子们在成长过程中只能通过自我发现的方式去关注自己。如果家长不清楚用什么途径、用什么方法和手段对孩子进行教育和培养，那肯定是很难理解孩子逐渐走向生理与心理成熟的过程。很多家长之所以认为青少年还是小孩子，大多是基于孩子在经济上依赖于自己的供养，从社会经验、人生经历上还有很大的欠缺来做评价的，有这样想法的家长占相当大的比例。而家长常常把自己对孩子的供养作为让孩子老老实实听话的理由，如果孩子和自己顶撞，甚至是不按自己的安排来行事，就会让家长非常难过和伤心，甚至愤怒。有的家长看到孩子连自己的话都不听，学习也不好，言语粗鲁，做事自私等，就会产生心理挫败感，认为自己是不称职的父母，感觉孩子这辈子没有什么指望了。在一些家庭，传统家庭教育观念常导致青春期少年在家里没有发言权，父母全然不听孩子的意见，更不用说耐心倾听孩子的诉说，这种一言堂式的单方面沟通方式，很容易让少年们逐渐失去与家长对话的耐心和兴趣。

在青春期少年看来，父母都是独立的人，他们的行为往往不受监督和限制，可是自己却每天不能这样做，也不能那样做，他们觉得不公平。这就导致只要家长想按自己的想法去约束青少年时，他们就很抵触，经常会产生一种过去不曾有过的委屈情绪和反抗心理。青少年们希望家长信任他们，尊重他们，给他们以独立性。而对于习惯了事无巨细关心孩子的家长来说，放手还真是一件有难度的事情，因此在平时的家庭生活、孩子的学习方面不可避免地出现亲子矛盾和冲突。面对这种情况，家长必须要认真反思了，你的家庭教育观念是否出现了问题？你和孩子的角色关系是否恰当？你和孩子说话的态度和语气是否让孩子不能接受？等等。

我想上面的分析，对家有青春期少年的家长可能会有或多或少的启发。当孩子刚进入青春期时，家长们要着手去建立新型的亲子关系，让自己的改变和适应促进孩子的角色过渡——从少年走向成年。如果家长们能清楚青春期少年的生理和心理特点，不再把孩子当作儿童来面对，而是真正以平和的心态去平等地面对处于青春期的孩子，那么你的尊重、理解、支持、引导和包容，将会得到孩子的极大信任和尊重，你的教育无疑将会变得更加省心、省时和省力。所以面对"脱缰"的孩子，最重要的是要认识事情的真相，并不是谁反抗了谁，只是有一个渴望长大的孩子想活出自己而已。家长只有让孩子们体会到被尊重的感觉，以一个独立人的态度来对待作为另一个独立人的孩子，这样我们才能更好地了解和帮助我们的孩子成长。

（吴　昊）

对父母出言不逊的孩子

——浅谈青春期攻击的处理

生命是永恒不断的创造，因为在它内部蕴含着过剩的精力，它不断流溢，越出时间和空间的界限，它不停地追求，以形形色色的自我表现的形式表现出来。

——泰戈尔

王晓生（化名）今年 14 岁，初二，在某重点中学读书，学习成绩处于班级中上水平，性格开朗。最近和同学说"自己不愿意回家，感到父母对自己太严，让自己不能忍受"，回家后就将门锁上。而且明显喜欢去健身，跑步、踢球等在明显增加。王晓生的家庭是中等收入的家庭，父亲是某企业的科研管理人员，在单位有一定的话语权，工作能力很强，平常比较关注孩子成长，只要有时间就陪伴孩子和家人，但比较唠叨；母亲是公务员，在政府的档案馆工作，平常工作比较有序，能计划性地完成工作，很少加班，常常陪孩子学习和玩。在别人眼里，王晓生的童年有太多令人羡慕的地方，有父母陪，有家人管，家中没有请过保姆，爷爷奶奶家也距离他们很近。但随着孩子年龄的增长，到了青春期后，家人反映王晓生脾气很大，常常表现烦躁，家人都有点小心翼翼，不敢招惹他。王晓生自尊心很强，注意修饰自己，最近和父亲发生了一次严重的冲突，原因是王晓生回家晚了，也没有告诉父母去哪里，父母很担心，回家后父亲说了他几句，他表现出很不耐烦，说"我都这么大了，你们还这么看着，你们累不累呀"，父亲说："你再大也需要告知一下回来晚的原因。"就这么你一言我一语的相互指责着，声音越来越高，王晓生最后说："我不说了，行不行?!"说完就双手攥紧拳头往自己的房间走去，父亲还在不停讲道理。突然听见"咣"的一声，父亲也吓了一跳，原来是王晓生用紧握的拳头把自己的房门砸了一个窟窿，然后用劲地摔门后就回到了房间。父亲在外边先是生气后是担心，怕出意外，问儿子"你疼吗，要紧吗?"家里的冲突就在这样的状态中暂时平静下来。但从此以后父亲对儿子少说了很多，儿子依然在成长中，只是明显喜欢运动了⋯⋯

这样的场景相信很多青春期的孩子和家长都不陌生，青春期的冲突大多数以孩子愤怒的表达结束。因为是父亲所以孩子没有直接发生肢体攻击，便将攻击转移到了周边的物品上，这是一种很常见的行为模式。文中的父亲比较唠叨，也非常关心孩子，相信在孩子进家门的前一分钟还在担心他，想着孩子，但孩子回家后的一分钟便将这一切转化为言语的攻击和愤怒行为的表达，这就是很多父母的通病，不能相见；王晓生进入青春期后也许是下课后和同学聊天，也许是运动，也许是⋯⋯有太多可能的正当理由没有及时回家，他在回家的前一分钟可能还在想回来晚了如何向父母道歉，父母担心怎么办，但回家后父亲的唠叨已经完全让孩子的愧疚感全部消失，只剩下对抗和愤怒，只剩下对父母的攻击。

人们对于事物的反应会利用自己既往的处理模式进行处理，也就是防御机制，有一些是成熟的，有一些是不成熟的。其中文中的孩子在遇到父亲指责的时候表现出明显的攻击，这是一种不成熟的方式，但后边发展过程出现将攻击转化到物品上，也是一种不成熟的方式同时，喜欢上了运动，这个是相对比较成熟的方式。运动是孩子攻击力量的很好转化。对于青春期的男孩子来说，成长中有很多的激素水平变化，容易出现攻击行为，在30年前，男孩子打群架也是一种攻击性的表现。现在文明社会中这些行为被认为是不文明行为，那攻击释放到哪里会更好呢？我们能看到的是绿茵场上矫健的身影，同时还有电脑攻击游戏中厮杀的场面。不管是过去还是现在，或者将来，不管是现实参与还是虚拟参与，攻击的力量是相同的，需要有一个合理的出口引导出来。

对于青春期的家长及老师朋友们，和青春期孩子交流时要关注孩子脆弱的自尊心和感受，保护他们度过这个青涩的阶段，需要引导孩子多参与运动，将所有的攻击能量释放到运动中，在增强体质的同时，也将负性情绪转化为正能量。当然有很多种方法将负性情绪转化为平静的情绪或者正能量，家长和孩子们可以一起尝试，切记：引导比对抗更有效果。

（肖存利）

被拒之门外的家长

——谈青春期孩子的关门现象

> 我慢慢地、慢慢地了解到，所谓父女母子一场，只不过意味着，你和他的缘分就是今生今世不断地在目送他的背影渐行渐远。你站在小路的这一端，看着他逐渐消失在小路转弯的地方，而且，他用背影告诉你：不必追。
>
> ——龙应台《目送》

青春期孩子父母的烦恼是孩子回家后一句话没有就听见"咔嚓"的关门声，这一声就像一把刺刀直刺家长的心间。这是常常听到的青春期家长的抱怨和无奈，也是家长迫使孩子走进咨询室的常见理由之一。今天我们就来探讨一下孩子关门关的是什么，看看下边这个故事。

王小二（化名）今年14岁，初二年级学生，今年开始出现明显的声音变粗，个子长高，由原来的1.5米左右到现在的1.7米，一下子像个大小伙子。父母正沉浸在孩子长高、变帅的喜悦中，突然有一天发现孩子变得沉默了许多。王小二原本是个话痨，回家后就东拉西扯地说个不停，有时候父母都有点担心，这一个男孩子话这么多，什么都关心什么都问，以后是不是准备当居委会主任啊！可最近王小二回家后最多叫一声"爸妈，我回家了"，然后就回到自己的屋里把门关上。家里一下子变得安静、冷清了。这冰冷的关门声，隔开了曾经亲密无间、无话不说的父母和孩子。父母在外边，孩子在里边，关门声每增加一次，外边父母的不安、愤怒、失控就增加一点。里边的孩子却是带个耳机，你爱说什么就说什么，反正我什么也没有听见，一边哼着歌一边做自己喜欢做的事情或者是做父母不允许做的事情，心里想着"我已经长大了，还这么管我，累不累，我要有自己的空间"。王小二的父母在孩子开始关门的一个月后终于爆发了，开启了反复砸门要求孩子开门，与孩子冲突升级的恶性循环模式，家中发生激烈的争吵，母亲哭诉着："你干什么见不得人的事情要天天关门，我和你爸又不是外人，有什么不能让我们看的，这日子没法过了……"

这样的场景相信很多青春期的家长都经历过，这些行为冲突意味着什么，是什么导致了冲突？关门是青春期孩子自我意识崛起的重要标志，过去几十年孩子在青春期没有这个条件，就表现出一群孩子在外边玩耍，模仿成人行为。而现在社会有非常好的物质基础，尤其在独生子女时代，大多数城市孩子有独立的房间，在青春期就出现关门现象，关的是边界，关的是成长，关的是自主，关的是力量。父母的一句"他越来越不听话了"就将这一切武断定论。

孩子进入青春期阶段，当他的眼睛可以平视父母时，说明他的自我意识已经开始崛起，他要他理解的属于成人的权利，关门就是最好的标志。关门关的首先是青春期的边界意识。边界是人与人交流中最重要的独立的标志，更重要的是心理边界，知道自己做事的底线在哪里，知道自己做人的底线在哪里，由心理边界会建构对周围事物的所有边界。关门意味着与父母的物理边界的分离，意味着自己独立空间的边界。其次是青春期的成长。成长的过程就是分离的过程，关门对于孩子来说，是与父母分离的标志，是自己成长的标志，如果这个时候孩子没有争取到这个权利或者一再地妥协，可能这个孩子在成人后会不敢争取自己的权利。第三是青春期的自主。关门是青春期自主行为的彰显，青春期的孩子认为自己可以为自己做主了，至少可以在很大范围内伸张自己的权利，关门也是其中的一个行为。第四是青春期的力量。有的学者认为青春期孩子需要完成心理上的"杀母"，也就是能从父母的意识中走出来，来成长自己的人生，这个需要在青春期井喷样的荷尔蒙形成攻击性的过程中完成。

当然，神奇的生命已经赋予了青春期这样的恩典，可以完成这一切。如果父母配合好可能会更加顺利一点。父母与孩子的关系常常如下：孩子就像是透明密封花瓶中的花朵，父母定期会把花朵从瓶中拿出来晒太阳，喂水施肥等，父母可以根据孩子的需要自主地安排孩子的位置，但最后必须把孩子放回到花瓶中继续待着，只有这样父母才会觉得孩子完全处在自己的掌控之中，是安全无虞的。到了青春期花朵长大了，一点点地顶开瓶盖，向外生长。父母不知道这喷薄而出的绚丽将流向何方，父母为不可控的局面感到焦虑恐慌，用力要让长大的花朵继续待在瓶中还要盖上瓶盖，于是两股对抗的力量就产生了，孩子渴望彰显自己的生命，父母依然觉得自己有义务保护孩子的周全，冲突就这样愈演愈烈了。

建议青春期孩子的父母：对孩子的教育要在这个阶段改变方法，要以引导为主。这个阶段孩子的重要任务就是要完成孩子到成人的过渡，需要学会用成人的方式处理事务。所以父母要学会放手，给予孩子更多的尊重和空间，帮助孩子找到自己的生命流向。当然作为成人最重要的一项任务就是责任，这可能是孩子不爱要的，那在孩子申请成人权利的时候，也要谈谈义务或者责任的问题。也要在恰当的时机告诉孩子成人的标准：做事有底线，看待事物会一分为二等，陪伴孩子度过这个人生阶段。

（肖存利）

身处故乡的异客

——谈青少年游学归来的适应问题

当我死时，葬我，在长江与黄河之间/枕我的头颅，白发盖着黑土/在中国，最美最母亲的国度/我便坦然睡去，睡整张大陆/听两侧，安魂曲起自长江，黄河/两管永生的音乐，滔滔，朝东/这是最纵容最宽广的床/让一颗心满足地睡去，满足地想/从前，一个中国的青年/曾经在冰冻的密西根向西瞭望/想望透黑夜看中国的黎明/用十七年未餍中国的眼睛/饕餮地图/从西湖到太湖/到多鹧鸪的重庆/代替回乡

——余光中《当我死时》

小陈16岁的时候，因为父亲去美国做访问学者，所以跟随父亲去了国外读书，后来直至大学毕业才又重新回国生活。起初回到国内让他很开心，因为终于又回到了心心念念的祖国，他感觉一切都可以有一个崭新的开始。但是回国发展之后的小陈逐渐发觉，再度融入中国文化有一定的困难，因为这么多年他已经习惯了在国外与外国人直来直去地交朋友，所以

他对国内需要较多寒暄、客套和礼节等的交往方式不太熟悉，以至于回国一年多了还没有交到什么固定的新朋友。有一次，母亲领他去跟一个国内的女孩子相亲，小陈非常抵触这种刻意安排的交友方式，但拗不过母亲的再三劝说，就勉强赴约。到了饭局，双方家长热情地介绍自己子女的情况，小陈觉得自己被评头论足了，很不舒服就提前离开了。这样一来就让女方很受伤害，觉得小陈很没礼貌，不懂规矩。后来小陈的母亲跟女方家长再三解释，因为小陈之前一直在国外生活，不太了解这样交朋友的方式和注意事项，所以才在不经意间冒犯了女方，希望女方家人谅解，并且责成小陈向女方道歉。小陈不禁感叹，他从来不知道国内的规矩会"这么多"，在以后与同龄人交往的过程中，他就时刻提醒自己要注意"规矩"，这让他时常有一种被束缚、不能自由施展自我的感觉，他觉得不太适应国内的环境了。

青少年时期是个体人生观、世界观、价值观三观形成的重要时期，在这个时期跟身边同龄人学到的社交方式会影响一个人今后的交友和择偶方式。如果在这个时期形成了一个固定的生活习惯或交往模式，在成人期时，再面对新的环境、新的规则的时候就会难以转变。在上文中提到的小陈，因为青春期阶段受的是美国文化的教育，在交友方面比较随意，而且都是根据自己的兴趣主动发起，所以对于他来说，国内传统的相亲式的交友方式就很陌生。这种被动性交友的方式就好像是被他人刻意安排的，违背了自我意志，让他有一种被束缚和强制的感觉，浑身不自在。小陈原本以为，母亲只是带他去随便见个面吃个饭，没有想过要跟前来赴宴的女方将来有什么过深的发展。所以当双方家长在吃饭时公开讨论自己的择偶观，以及自己对对方的看法的时候，小陈也会因为自己被询问到了涉及隐私的事情而有一种被冒犯的感觉，他才会感觉到没有受到尊重，提前离开。

另外，除了在交友形式上有不适应的感觉外，留学生在就业岗位中也会遇到一些适应障碍。小陈回国之后在广告公司找了一份工作，但是长期以来小陈都无法融入同事之间的关系，而且他入职半年了还不太清楚工作流程和规章制度。和小陈一样，早期到国外留学回国的学生会感觉有些难以理解国内的"迂回式"的交流方式。在中国一些公司，有的上司在工作中交代事情的时候会尽量说得委婉一些，避免太直接显得不够友好。而在国外，每当人们接触一个新的工作环境，上司都会首先把在这个环境中工作的注意事项以文书的形式交代，一目了然，但凡有谁违反了规则，那一定会按照条例严格地来处理。但是在中国文化中，环境中的规则需要让人慢慢去悟，慢慢向身边的群众学习。这样循序渐进的领悟方式就会使得回到国内就业的留学生难以理解，所以起初在工作岗位上就会显得无所适从。因为事先没有人把规则明确地讲出来，所以他们不知道做什么事是符合常规的，做什么事是违反常规的。这样，在工作的时候小陈就会显得小心翼翼、缩手缩脚，难以正常发挥了。此外，小陈还发现，即使到了该下班点，身边也没有一个同事会马上收拾东西离开，总要等到经理或领导走了之后，下面的员工才会陆续回家，这也让他很苦恼。小陈觉得，本来自己都已经完成当天的任务了，为什么还要在公司逗留，耽误自己的私人时间等其他人下班呢？这对他的私生活产生了严重的干扰。

另外，小陈还感觉同事之间那种喜欢分享和谈论自己家务事的习惯让他很不自在。刚入职的时候，身边常常会有同事抱怨自己的家人为什么不理解自己，自己带孩子是多么多么的累等，这让小陈感觉很奇怪，他感觉自己上班的时间被无关紧要的交谈占用，这对他的工作效率有很大的影响，导致有时候不能按时完成自己的工作内容。在国外，一般人们在上班的时候，同事之间就只会聊工作上的事，以保证任务能按时完成。即便是团队合作，同事之间也只是聊工作的部分，鲜少会在上班时间拉家常。如果有谁对自己的家人不满，或是跟朋友产生了矛盾，外国人一般会选择定期去找心理医生倾诉，而不是在同事面前耽误工作时间来讨论自家的私事。有时候跟大家合作完成项目的时候，小陈会感觉很多时候为了融入这个工作氛围，也不得不暴露一些自家的隐私给同事们听，否则就会显得自我封闭，不合群。渐渐地他感觉整个集体的工作效率下降，本来可以一个星期就完成的事情，最后甚至拖了一个月还完不成，这也让他十分苦恼。

总之，青少年时期形成的三观至关重要，如果在这个阶段出国生活了很长时间，再回到之前生长的环境中，必然会有适应困难的现象。在此我们并不建议留学生的家长过早地对回国的孩子进行文化上的纠正，这样会让他们有角色混乱、迷失自我的感觉，他们会认为自己是不被国人所接纳的，会渐渐远离人群，变得孤僻、独来独往。作为留学生的家人，需要在家里积极地引导，并支持他们有自己的主见，这样游学归国的青年们才会觉得自己在国内还是可以被人们接纳的，也就不会再有与环境格格不入的感觉，就会慢慢地试着融入原来的社会环境了。

对留学生来说，在决定回国生活工作之前，一定要对环境的变化有一个预期，最忌讳的就是认为自己当前的西方文化非常适用于自己，而对国内的文化有诸多的挑剔。中国五千年的文明肯定有可取之处，我们崇尚人情世故、礼尚往来，强调集体意识，反对太过于个人主义，这些是适用于我们多人口国家的发展的，其实西方在个人主义的路上走久之后，也在提倡向我们东方的集体主义学习。这就是我们文化里所说的"话说天下大势，分久必合，合久必分"，没有哪个文化就特别好。我们要善于利用优势，适应劣势。当你不具备改变环境的能力时，一味抱怨和懊恼是最不可取的。

留学生在回国择业之时，也可以考察公司文化是否适合自己的发展，现在中国有很多外企，企业的氛围还是和国外比较相似的，强调个人能力的发挥，而虚与委蛇、形而上的中国官僚作风在当代的企业中越来越少见。在人际交往中，可能西方文化比较强调对人际边界的遵守，中国文化却是追求融合的，大家喜欢表现出亲密无间的热乎劲儿，接受西方文化熏陶多年的留学生肯定会有不习惯的地方，但你要明白，在遵守人际边界里，有一个核心的要义就是尊重对方的人生态度。所以你可以奉守不介入对方私生活的原则，也可以捍卫你的私生活不与人分享，但你不要希望对方能够像你一样，做事情特别有原则，将工作和生活分得清清楚楚，你静静地做个旁观者就好了。相信当你微笑地接纳周围的人和事时，很少人会因为你不投桃报李地抖搂自己的私生活而视你为怪物。要知道，在信息爆炸的年代，大家多多少少都知道一些西方文化的特点，对于留学归来的人会时常采用一些不太恰当的应对方式，大部分人还是能够包容的。所以，游学归来，不但是身体的归来，更重要的是让自己的精神也真正归来，适应国内的环境，只有这样才能充分利用自己游学的优势在国内大展才华。

（任抒扬　郑晓星）

无家可归的青春华年

——谈青春期的代际交流

> 世界以痛吻我，要我报之以歌。只有经历过地狱般的磨砺，才能练就创造天堂的力量；只有流过血的手指，才能弹奏出世间的绝响。终有一天，你的负担将变成礼物，你受的苦将照亮你的路。
>
> ——泰戈尔

李小华（化名），今年18岁，天生漂亮，别人都在背后称她为校花；她学习平平，朋友不多，但有一两个非常知心的。现在正值高三学习最紧张的时刻，但近日因为李小华要离家出走，和父母断绝关系，而与父母一起来到了咨询室。李小华的家庭不富裕，住房条件不好，一家人挤在30平米的地方，除了睡觉的床，其他的东西是能省尽省，家里没有饭桌，一家人吃饭就自己分餐食用。她的母亲天生有斑秃，头发也特别少，是一个工厂的工人，只有初中文化，43岁才生下李小华。母亲经常在李小华面前控诉她的母亲，也就是李小华的姥姥曾经虐待自己的种种恶行，说姥姥常打她，不给她吃饱，骂她笨、懒，最让母亲气愤的是，姥姥经常辱骂她，说都是因为生了她姥姥的生活才如此不好,姥姥把自己生活中发生的所有不如意的事情都归结到她身上,动不动就嫌弃地看着她,说她是扫把星。母亲每每说到这些都非常气愤。李小华很少看到母亲主动去看望姥姥,即使偶尔那么一两次姥姥来家里,母亲的态度也是非常冷淡的,凡开口必是恶语相向。李小华的母亲对李小华要求非常严格,不允许她乱花钱,不允许她晚回家,也经常骂李小华没有人性,严重时甚至会用手抓着李小华的头发往墙上撞。李小华的父亲也是一个工人,为人忠厚老实,一般也不敢管母亲,也不敢帮孩子。李小华 13 岁时就悄悄给自己许了一个誓言,只要自己满 18 岁,一天也不愿在家多待,她受够了家里的气。在咨询中她说自己在外边做什么都可以,只要能离开家就好。李小华母亲很气愤也很无力地说:"我供你吃,我供你穿,你还不满意?还要我做什么?没良心,还要离家出走。"李小华双手紧握,双眼含泪,紧咬下嘴唇,哭诉着:"你除了给我吃、供我穿,你还给了我什么?我已经成人了,完全可以离开家了,至于我的死活你不用管!"母亲一直重复前面的话,显得非常无辜。

这样的场景发生在很多家庭中,冲突在不断升级,直到向专业人士求助才知道为什么会这样。其实这个案例背后不仅仅是两代人的冲突,还有着代际创伤的传递。这种创伤的代际传递有两个原因。

一是家长与孩子对爱的理解不同。文中的母亲对爱的理解一直就是"供你吃,供你穿",这是物质层面的爱。而孩子的需求不仅包括物质更包括精神层面的,精神层面的需求不被满足甚至被斥责为贪心时,孩子内心的怨恨就会使她无法感受父母在物质层面的付出,因而孩子委屈地喊出了"除了供我吃、供我穿,你还给了我什么"这样的控诉。无疑,这样的控诉也深深伤害了父母的情感。在 20 世纪 70 年代之前,我国的物资相对匮乏,家长认为爱孩子就是让他吃饱穿暖,就行了。20 世纪 80 年代后物资相对丰富,这个需求已经不是最主要的需求,已经被家长们过度满足了,孩子们对爱的理解发生很多变化。这是冲突的一个原因。

二是爱的表达出现问题,这是代际创伤的传递,家庭创伤模式的重复。回忆我们的童年,被深深刺痛的是羞辱,不是犯错误的惩罚。孩子对于惩罚是能接受的，但是羞辱是直刺内心深处的，能让孩子脆弱到自我瓦解，同时产生愤怒感。这个案例在爱的表达中表现非常突出的就是羞辱，让孩子产生严重的"我不配，我不值得"的内在信念，这一点对孩子影响深远，在没有干预的情况下可能会影响一生。我们从李小华的母亲身上能看到这种羞辱的教育方式在代际间的传递，而她自己根本就没有意识到，认为就应该这样教育孩子，这就变成了，我妈羞辱我，我羞辱我的孩子，我的孩子再去羞辱她的孩子，世世代代相传，这种对个体自尊进行碾压的毁灭性的爱的方式在这个家族传递下去，一家子都是怨妇，想想是很可怕的，但这是现实。

每个人的童年是有创伤的，都有一些给自己设好的陷阱："我不配，我没资格，我妈不允许，我爸不允许"等，会阻碍我们过好自己的生活。有一些创伤来源于自己，有一些创伤是家族中创伤的伤害行为模式传递下来的。

建议家长在孩子的教育中注意以下几个方面。

一是禁止羞辱孩子。孩子在成长过程中出现各种各样的问题是很正常的，真诚地教育孩子，而不是羞辱孩子，包括隐性的羞辱，这些对于解决问题没有丝毫帮助，相反会让孩子产生反感和对抗。

二是换位思考。站在孩子的角度思考一下，凡事都有两面，有好的一面，也有不好的一面，和孩子一起去讨论。启发才能让孩子沿着他真正想的方向前进。

三是自己生气时先静一静。生气时，一般我们都认为是别人惹我们生气了，尤其在教育孩子时，通常都认为自己永远是正确的，孩子不听话，才会生气。那此时我们和自己的内心对对话，问问自己到底是怎么了，常常答案就在我们的生气中。

另外，孩子也应做到以下几点。

首先要感恩家长。每个家长都是尽可能按照自己的理解将最多的爱给孩子，爱本身没有问题，错在爱的方式上，请孩子们要学会感恩自己的家长，他们已经在尽最大努力了。

其次，原谅自己的家长。你的父母没有学会怎么爱孩子，是因为他的父母就是这样教他的。用一种辩证的思维来看待家庭创伤所带来的苦难，除了伤害，有时从苦难的经历中我们也能学会更多的体察他人，更为敏锐地应对人际交往中的问题，也更能够容忍具有"瑕疵"的同伴。

最后，虽然我们每一个人都带着原生家庭的烙印在世间存在，但如果我们不去觉察，不去修正，那我们所传承的家族就会在同样的悲剧中死循环。所以，建议当家庭关系出问题，无法在家庭内部解决时，还是要积极寻求专业人士的帮助。

（肖存利）

双面娇娃的哀伤

——谈二胎对青春期孩子的影响

> 风筝去了，留一线断了的错误；书太厚了，本不该掀开扉页的；沙滩太长，本不该走出足印的；云出自岫谷，泉水滴自石隙，一切都开始了，而海洋在何处？"独木桥"的初遇已成往事了，如今又已是广阔的草原了，我已失去扶持你专宠的权利；红与白揉蓝于晚天，错得多美丽，而我不错入金果的园林，却误入维特的墓地……
>
> ——郑愁子《赋别》

  王女士最近快要愁死了，年近 40 岁的她好不容易生了个儿子，想着终于儿女双全了，她和老公都很开心。可这开心劲儿持续了还不到两个月，就被大女儿丽丽的表现给搅散了。丽丽 13 岁，刚上初二，此前一直是夫妻俩乖巧、贴心的小棉袄，学习也很自觉，都不用父母操心。王女士和老公都是独生子女，年到 40 岁，双方父母一有风吹草动，他们夫妻就得奔赴处理，他们都羡慕别人有兄弟姐妹可以帮忙，自己连个商量的人都没有，所以不想让自己的女儿再和自己一样孤独。二胎政策开放了，就想着再生个孩子给老大做个伴。当时征求丽丽意见时，丽丽表情冷淡，未置可否，夫妻俩也没太在意，高龄怀孕让王女士也颇为吃力，所以也没过多关注女儿的情绪。怀孕期间丽丽也是一回家就把自己关屋里写作业，很少和父母交谈，王女士正累着呢，也乐得清闲，反正女儿成绩一向很好，没什么出格表现。老二生下来后，王女士就更是忙得四脚朝天，不知道是不是高龄的原因，老二体质不太好，经常生病，晚上也不好好睡觉，总要抱着。老公因为家里添了孩子，觉得经济压力更大，就更努力工作，经常加班，家里的事很少帮忙。王女士觉得自己经常处于崩溃的边缘。

昨天，老师给王女士打电话，说丽丽最近经常迟到、旷课，这次期中考试有两门功课不及格，同学反映丽丽最近交了一个男朋友，是一个社会上的小混混，染着一头黄头发，天天在校门口等着接丽丽。王女士非常着急，赶紧把老公叫回家，两个人轮番和丽丽谈心，可丽丽一点也不买账，最后丽丽居然拍桌子吼着说："我知道他是个混混，那又能怎样？他爱我，只有他把我当作珍宝，你们有了弟弟，我在家就是多余的。你们给不了我爱，我还不能自己找个人爱我吗？我已经这么不给你们添麻烦了，你们还要我怎样？"

王女士不明白自己的女儿怎么变得这么叛逆，当年那个乖女儿跑哪里去了？这个小太妹是怎么跑出来的？万般无奈之下，王女士走进了我的诊室。我让王女士回顾了一下她从决定生二孩到生下二孩这个时期她和女儿交流、相处的情况，王女士意识到自己确实对女儿疏于照顾，也没有好好和女儿沟通生二孩的初衷。由于丽丽已经拒绝和父母进一步沟通，王女士给女儿写了一封信，告诉女儿自己生弟弟的初衷是想让她有个伴，说了自己作为独生子女的感受，同时也说了自己当前的困难，年纪大了，体力吃不消，照顾小弟弟觉得很累，所以忽略了对女儿的照顾，觉得很愧疚，回顾了女儿这么多年带给自己的快乐，王女士表达了对女儿的爱，邀请女儿和她一起做一次心理治疗。丽丽同意了和妈妈一起来见我，治疗中，丽丽说了自己同班同学大部分都是独生子女，不能明白父母为什么一定要再生个孩子，她觉得可能是父母对自己不满意，想生一个比自己更优秀的替代自己。她曾经听邻居说过，爸爸一直想要个男孩，觉得男孩才能传宗接代，所以她觉得自己在这个家中已经成了一个外人。而且自己不再是独生子女了，让她觉得和同学不一样了，有一个比自己小十几岁的弟弟让她觉得很丢人。治疗中，丽丽和妈妈坦诚地表达了对彼此的看法，母女俩数次拥抱哭泣。后来又邀请了丽丽的爸爸一起进入治疗，一家三口都表达了内心真实的想法，消除了误会，共同商议出一个更好地互帮互助的家庭模式。一个月后，王女士给我打电话，说丽丽不再和小混混在一起了，每天做完功课还能帮助她照顾小弟弟，他们夫妻俩也更多表达对丽丽的欣赏和喜爱，让丽丽更多参与家庭决策，以前那个贴心小棉袄又回来了。

这是一个典型的二胎导致大孩出现心理问题的案例。自从二胎政策开放后，大孩出现心理问题的报道层出不穷，严重的甚至大孩跳楼自杀。对于青春期的孩子，二孩带来的刺激尤其严重。首先，青春期的孩子有特别强烈的同伴归属的需要，他们习惯参照群体的样式来决定自己的存在方式。对于这一代的青少年，大部分孩子都是独生子女，即使是二胎政策开放了，有勇气要二胎的家庭还是少数，所以，青少年的父母在决定要二胎时，一定要处理好孩子的同伴归属问题；其次，青春期的孩子对自主权的需要特别强烈，他们渴望能够成为家庭独立自主受尊重的一个成员，能够参与家庭决策，能够在家庭决策中拥有更多的话语权，所以在决定要二胎时，父母需要更多地征求青少年的意见，通过更充分的沟通，争取获得孩子的理解；再次，青春期的孩子更敏感，他们对自尊的需求也比其他年龄段的孩子更为强烈，一方面他们要求独立和自主，另一方面，他们对父母有着深深的爱和尊重，但又羞于表达自己对爱的渴望，所以青少年感受不到父母给予的爱，经常会以叛逆的形式表示自己对父母的藐视和无所谓的态度。二胎激发的同伴竞争意识在青春期也表现得更为突出，所以，有了二孩的父母对青少年的大孩应该给予更多的关注和爱；最后，青少年的责任感开始增强，此时要二胎可以更好地培养这个阶段孩子的责任感。在处理好青少年同伴归属、自尊、独立自主等需求的前提下，邀请孩子更多参与到照顾二孩的日常中，可以很好地激发青少年的主人翁意识，让他们察觉自己肩负的责任，从而使青少年油然而生作为老大的自豪感。

　　总而言之，二胎有风险，家长需谨慎。青春期遭遇二孩冲击，双面娇娃的裂变很容易发生，一定要处理好身为老大的青少年的心理问题，争取让二孩成为青春期大孩的福音而不是横刀夺爱的噩梦。

（郑晓星）

荒唐的飞扬跋扈

——解读青春期校园霸凌现象

我们浪费掉了太多的青春，那是一段如此自以为是又如此狼狈不堪的青春岁月，有欢笑，也有泪水；有朝气，也有颓废；有甜蜜，也有荒唐；有自信，也有迷茫。

我们敏感，我们偏执，我们顽固到底地故作坚强；我们轻易地伤害别人，也轻易地被别人所伤，我们追逐于颓废的快乐，陶醉于寂寞的美丽；我们坚信自己与众不同，坚信世界会因我而改变；我们觉醒其实我们已经不再年轻，我们前途或许也不再是无限的，其实它又何曾是无限的？

曾经在某一瞬间，我们都以为自己长大了。但是有一天，我们终于发现，长大的含义除了欲望，还有勇气、责任、坚强以及某种必须的牺牲。

——王朔《玩的就是心跳》

前一段时间初中同学聚会，我碰到了很多个当年我们年级的风云人物，他/她们隶属于两个让我们同学闻风丧胆的"黑社会团伙"，大家感慨回忆了一番当年青葱岁月的年少张狂。

我的初中距离现在已经有26年了，当时我们年级有两个团伙让很多同学都很畏惧，一个是女生团，大概有十几个人吧，这个团里的女生大部分长得漂亮、家境优越，有几个甚至是我们当时县城领导的女儿。她们的攻击对象多是女生，哪个女生要是风头太健，就有可能挨打；只是看不顺眼的，可能毫无征兆的哪天在走廊上就被扇一巴掌，要是让她们觉得有所冒犯，那就可能被群殴。我记得最清楚的一次是她们内部出现分歧，其中一个女生可能做了她们以为背叛群体的事情，结果被堵在走廊上，几个人挥舞着扫帚把她劈头盖脸打了一顿，从此那个女生变得很沉默，最后转学了。女生团伙和男生团伙关系很好，他们以兄妹相称。所以不但女生害怕她们，男生也不敢冒犯她们，因为她们要是看哪个男生不顺眼，就会叫男生团伙教训这个不长眼色的家伙。男生团伙就更嚣张了，经常有男生莫名其妙挨打、被勒索。我和当年寄宿学校的男生聊，大部分同学都反映自己曾经被勒索过。我记得当年我小学的两个同班男生，都长得挺帅气的，和女生团伙走得很近，开始时也挺风光的，女生保护他们，也没人敢欺负他们，后来和女生团伙中的某几个人关系不好了，就经常被男生团伙欺负，隔三岔五就挨打、被勒索。一个男生坚持不住，就退学了，另一个男生成绩一落千丈，每天都躲着走，本来考上初中时和我成绩相当，可是初中毕业时我保送了高中，他最后花钱自费在我们的高中部学习。而这两个团伙中的成员大部分都读了中专或去了不太好的高中。

当年这两个学生团伙太颠覆我的人生观了，我觉得这种飞扬跋扈的行为太无法无天，我认定了他/她们就是坏人，我甚至担心他/她们中的很多人以后可能会被关进监狱。可是很奇怪，到了高中，一切都消停了，虽然有几个男生还比较嚣张，但也成不了气候，女生更是都变得温柔矜持，再也没出现过打架的情况。现在再见这两个"黑社会团伙"，他们早就没有了当年的嚣张气焰，有一两个自己做生意，成了大老板，大部分有一个普通的工作，过着寻常的柴米油盐的生活。我很好奇他们会如何看待自己当年当"大哥大""大姐大"的感觉，我私下询问了几个人，他们都对自己当年的张狂很后悔，不明白怎么了，一上初中就像打了鸡血一样兴奋得不行，恨不能全世界的眼光都集中在自己身上，当时的电视剧《古惑仔》《上海滩》里郑伊健、小马哥的形象深入人心，觉得江湖打打杀杀充满英雄气概，很多时候打人觉得自己是在主持正义。有些人说自己不知怎么就卷入一个小团伙中，小集体让自己很有归属感，其实不想打人的，但害怕被集体团员看不起或被集体抛弃，就硬着头皮装好汉。总而言之，大家都觉得自己当年的行为太荒唐、太幼稚。

现在这些行为有了一个统一的称谓，叫作"校园霸凌"。这是很让家长老师头疼和担心的事情，也对很多被欺负的同学的人生造成了很大的影响。对于实施霸凌的那部分孩子，很容易被贴上家庭教育失败的产物、生性暴戾、青少年品行障碍等标签。"校园霸凌"现象在各个阶段的学校中均存在，但以初高中最多。抛开道德层面的评判，从心理学层面分析初高中的"霸凌"，有一个很重要的原因是这个阶段的孩子处于青春期，他们正处于"同一性对角色混乱"的时期，一方面觉察到了每一个个体具有独特性，接纳自己的独特性，并对自己需要在生活中扮演不同的角色有了一定的认知，另一方面，由于渴望能够显示自己的独特性，喜欢特立独行、标新立异的言谈举止，并且由于认知的局限，不能正确识别自己在生活中所应扮演的角色，因此容易受到影视作品的影响，模仿不恰当的英雄行为。

从这一个层面来讲，对于实施"霸凌"的同学，老师和家长除了批评和管教，应该更多引导他们如何正确地表达自己的独特性和胜任恰当的角色，帮助他们获得对自我同一性的觉知。对于"被霸凌"的同学，家长不应强调孩子不堪的遭遇，指责孩子的软弱，因为青春期的孩子对自尊的需要特别强烈，本来"被霸凌"带来的屈辱感就是他们最难以承受的耻辱，父母再强调这件事情只会雪上加霜。正确地做法应该是淡化此事对孩子的影响，告诉孩子这是对方青春期的寻找自我过程中的冲动的错误行为，你成为"被霸凌"的对象,不是因为你做得不好,而是因为你在某一个特质上契合了他们想"耍酷"的需要。不要为此感到丢脸,无论别人怎样对待你,在爸爸妈妈眼里你都是独特的最珍贵的那个人。当然,爸爸妈妈也会和老师、对方家长交流,共同帮助那个欺负你的同学更好地度过他的青春期。你只要坚持做你自己就好了,你用和善的心对待同学,最后你一定会收获很多同学对你的喜爱。这样做不但可以减少"霸凌"事件带给孩子的影响,还能通过此事培养孩子的接纳能力。

所以,面对"校园霸凌",我们不要谈虎色变,尤其是青春期的"校园霸凌",很多只是这个阶段孩子在探索自我独特性和同一性过程中的一个迷茫荒唐的尝试,用理解和帮助来代替愤怒和指责,可能对于当事双方都能有所帮助。

(郑晓星)

压力管理篇

化"绊脚石"为"垫脚石"

——论压力管理与成长

> 当蜘蛛网无情地查封了我的炉台／当灰烬的余烟叹息着贫困的悲哀／我依然固执地铺平失望的灰烬／用美丽的雪花写下：相信未来
>
> 当我的紫葡萄化为深秋的露水／当我的鲜花依偎在别人的情怀／我依然固执地用凝霜的枯藤／在凄凉的大地上写下：相信未来
>
> 我要用手指那涌向天边的排浪／我要用手掌那托住太阳的大海／摇曳着曙光那枝温暖漂亮的笔杆／用孩子的笔体写下：相信未来
>
> ——食指《相信未来》

青春期可能是每个人人生中最单调的时期，每天过着"学校—家"两点一线的生活，任务只是学习和考试。但同时也是情感爆发的时期，内心敏感而脆弱，充满了情感上的复杂变化，是一个充满了冲突和困惑的时期。随着社会环境的急剧变化，现在的青少年面临着更大的成长压力，对于强者，压力是垫脚石。可是对于弱者，压力如影随形，无疑是成长过程中的绊脚石。

小王是家里的独生女，开学就高三了。尽管衣食无忧，但面对越来越难的功课、越来越厚的书，小王整日忧心忡忡。在一次月考的前一晚，小王失眠了，第二天的成绩更是第一次跌出了前十名。忙碌的父母也忍不住责备：快高考了，这可是一辈子的大事，不好好用功怎么行。甚至自责没有好好教育孩子，为此母亲开始整日督促小王看书，做作业，甚至参加各种辅导班。偶尔小王参加文体活动，也被说成不务正业。小王忙忙碌碌，苦不堪言，学习成绩却总也提不上去。她感到与自己理想中的大学越来越远，为此紧张不安，上课昏昏沉沉，难以集中注意力听讲，晚上也难以入睡，逐渐发展到对学习恐惧厌倦，沉默寡言，与几个要好的女孩子之间的交流也慢慢减少，甚至常常出现偏头痛，食欲不振。在父母和老师眼里，小王像变了一个人，成绩更是一落千丈。三个月后，父母带小王走进了心理咨询室。

小王的生活是很多高中生的缩影：吃饱穿暖已经不再是他们最关心的话题，压力却通过有形或无形的方式充斥在生活的方方面面，导致了累、烦躁、害怕、悲伤等大量负面的情绪体验，甚至出现了失眠、网瘾、早恋、打架、有意伤害小动物、破坏公物、醉酒等一系列偏差行为。最近的研究表明，"自杀或企图自杀"的比例也从十年前的3.7%上升到现在的7.7%。

对于一些在学校读书的青少年来说，他们常常感受的压力可能有以下几个方面：（1）学业负担。学校、家庭、同伴和青少年自身都是学业压力的重要来源。学校一味追求高升学率；父母望子成龙、望女成凤；青少年自身错误的竞争观念，都给他们造成了巨大的精神负担。剥夺了他们学习及生活的乐趣，"输不起"的压力如恶魔缠身，笼罩着青少年的身心。（2）人际关系的挫折感。朋友在青少年的生活中占据着很重要的位置，不仅是玩耍的伙伴，更是倾吐烦恼、交流思想的对象，但是在家里备受宠爱的他们，更容易出现人际冲突与摩擦。（3）家庭问题导致的压力。随着物质生活水平的提高，个人的情感需求发生着剧烈的变化，父母婚姻中隐藏着的矛盾冲突和情绪压力成为影响青少年健康成长的重要因子。家庭气氛不和谐或父母婚姻触礁的孩子，无疑承受着更大的身心压力。

所以帮助青少年认识到青春期的各种压力，采取恰当成熟的压力管理策略，收获较为完善的自我发展无疑是非常重要的。汉斯塞利曾说："我不能也不应该消灭我的压力，而仅可以教会自己去享受它。"这句话道出了面对压力的正确方法。青少年可以通过以下一些方式来应对压力。

首先，提高自我应对压力的能力，如学习一些让自己放松的方式，具体表现在：（1）写日记。有人说过，如果把悲伤放进故事里，那我们就能承受所有的悲伤。通过日记，使理性与心灵开始交流，当情绪从脑中转移到纸上时，就产生了使人冷静下来的效果。（2）注意合理用脑，注意劳逸结合。通过听音乐、看电影等方式使自己更接近艺术，接近生活。（3）调整预期值。调整自己对事件和他人的预期并不意味着放弃理想或是降低自尊，而是通过现实的检验调整自己的知觉，使之与实际的情况相符。多给予自己积极的肯定。

其次，寻找积极的社会支持。社会支持有不同的来源，包括亲人、朋友、老师、心理咨询师等。对于部分青少年来说，仅仅是和别人待在一起，聊一聊，就有助于缓解压力和愤怒情绪。因为倾诉本身即具有修复作用，在倾诉过程中，个体不但可以缓解和释放情绪，也有机会重新认识所发生的事件，起到调整情绪、降低压力的作用。其他人分享感受、提供建议或者表达支持，都在某种程度上直接或间接地降低了个体的压力水平。这就意味着，青少年要有可以信赖的、可以吐心事的对象。父母是化解其压力的最好的导师。作为现代型的父母，除了满足孩子的物质需求外，更需要"观其颜，察其行，窥其心"，进入孩子的内心世界，建立融洽亲密的亲子关系。让美好的温馨的家成为孩子第一重要的"减压站"。作为老师，当发现孩子出现情绪低落、烦闷、逆反等负面情绪时，要及时与他们沟通，找出他们出现不良情绪的根源，这样才能有针对性地帮助他们重新步入身心健康成长的良性轨道。

卢梭在《爱弥儿》中说："我们，在这个世界出生两次，第一次是为了生存，第二次是为了生活。"青春期是由天真烂漫的孩子蜕变为成熟稳健的大人的过程，是人生的第二次出生。所以在应对青春期压力的过程中，青少年需要进一步思考，如何获得自我价值和体现人生意义。只有认真思考过我是谁，明确自己未来的生活，意识到自己是个独特而有价值的个体，才会变得更宽容、更丰富，自信、自尊地继续探索自我完善和成长之路。青春期是一杯五味杂陈的鸡尾酒，等待着每一个青少年细心调制。

最后，希望青少年都可以利用自我接受和自爱的能力有效地应对压力。走过压力这场风暴，遇见美丽的彩虹。化"绊脚石"为"垫脚石"，成为人生的强者。

（李凤娥）

头顶巨石的小树

——谈青少年的学业问题

> 人的精神有三种境界：骆驼、狮子和婴儿。第一境界骆驼，忍辱负重，被动地听命于别人或命运的安排；第二境界狮子，把被动变成主动，由"你应该"到"我要"，一切由我主动争取，主动负起人生责任；第三境界婴儿，这是一种"我是"的状态，活在当下，享受现在的一切。
>
> ——尼采

北北，16岁，今年刚上高一，她的老家在一个县城。北北的爸爸家是三代单传，爷爷奶奶特别希望北北是个男孩。看见北北是个女孩，爷爷奶奶态度很不好，对北北妈妈言语就刻薄起来。北北妈妈是个要强的女人，她发誓一定要让北北出人头地，让所有看低她们娘俩的人后悔。于是北北很小的时候妈妈就带着她上早教，然后是各种兴趣班，在妈妈的严格监督下，北北钢琴通过九级，在一次省级的钢琴比赛中北北得了第一名，以钢琴特长生的身份保送市重点高中。其实北北的文化成绩也很好，在摸底考试中，北北的成绩也在全市第1000名左右，也是能够上一所市里的好学校。由于担心北北高中学习跟不上，妈妈和爸爸商量后，决定辞去自己的工作，专门跟到城里陪伴北北学习。

可是北北上了高中，发现自己对代数、几何等数学问题理解起来特别吃力，尤其是空间几何，她总是搞不懂如何从平面看出一个立体图形的走向。北北很焦虑，可她越着急越没法好好听老师讲课，越听不懂上课越容易走神。到期中考试，北北的数学不及格。这是她生命中的第一个不及格，妈妈非常生气，认为北北肯定是心野了，没有好好学习。本来打算今年让北北考钢琴十级的，也不让考了，请了家教辅导北北，妈妈全程陪同。说实在话，北北的家境并不富裕，为了给北北提供尽可能好的学习条件，爸爸在外面兼了好几份职，妈妈更是省吃俭用，从北北懂事以来，妈妈就没有买过一件衣服，吃饭也是吃最简陋的食物，家里的鱼、肉等比较贵的食材基本都是妈妈精心料理完专供北北补充营养。

北北把父母的辛苦和付出看在眼里，也希望能够通过自己的优异成绩换取父母的宽心。可是越是着急，北北越是学不进去。不但数学理解不了，物理、化学学起来也很费劲。爷爷奶奶冷嘲热讽，说女孩子就是不能和男孩比，小时候努力点还能掌握那些死记硬背的知识，这上了高中，女孩的思维就跟不上了，当初就该找个中专，毕业工作嫁人。北北也绝望地想，可能女孩的抽象思维能力确实不行，自己可能真的不是学习的料。有了这样的担忧后，北北的成绩更是一落千丈，很快就被老师列入了学业不良的学生名单内。于是妈妈天天唉声叹气，抱怨自己付出了那么多，结果北北还是不争气。有时泪汪汪地和北北谈心，说自己因为北北是个女孩受到了多少侮辱，要不是因为北北，她早就不想活了，北北就是她生存的全部希望。妈妈越悲伤，北北越觉得内疚、压力大，她觉得自己每天都喘不上气，心里憋得慌。到了期末考试，一进考场，北北突然心跳加速，全身冒汗，觉得自己快要死了，根本没法参加考试，送到医院诊断：惊恐发作。

北北的案例让我想起了自己刚上高中的时候，当时我也不太习惯高中的学习，期中考试也是成绩非常不理想，历史差点不及格，本来我一直成绩都在年级前 30 名，那一次居然考到了年级第 200 多名。当时我也有点惶恐，担心自己跟不上高中的学习了。可是我的父亲并没有批评指责我，他只是告诉我，高中的路是我自己选择的，自己要好好想想怎么才能走下去。冷静下来我分析了原因，高一科目太多，我没有合理安排时间，对于一些需要背诵多的科目我不够重视，我一方面在时间管理上下功夫，另一方面安慰自己，等高二文理分科就好了（当时我们还有文科生、理科生的区别），不学历史、地理、政治我就比较轻松了。所以后来我高一成绩有所进步，但确实也不够理想，只能维持年级第 100 名左右，但到了高二分完科，我的成绩迅速恢复到了年级前 30 名，发挥比较好的时候还能进入年级前 5 名。所以孩子出现学业问题的时候，父母的态度对于孩子应对压力非常关键。父母给予孩子适度的压力可以激励孩子努力，但要是父母给的压力太大，就有可能成为压死孩子的最后一根稻草。要知道，当孩子成绩不理想的时候，最为沮丧和恐慌的是孩子自己，此时孩子迫切需要来自父母的支持。

北北的母亲为了北北放弃了自己的工作，离开了自己熟悉的生活环境，只为北北能够得到更好的照顾，能够出人头地，可以说北北的母亲是提前放弃了自己的追求，把自己对于性别歧视的耻辱、整个家庭的希望和自己后半辈子的期待和幸福全都寄托在了孩子身上，可想而知，这样下来，对于一个青少年来说，背负的压力是多么巨大。据研究，压力与学习效率呈现倒 "U" 形曲线关系，也就是说，适当的压力对孩子的学习促进是正性的，但是如果压力过大，超出了青少年的承受能力，结果就会适得其反。显然，北北属于后一种情况。面对这样的局面，北北的父母应该反思自己，降低对孩子的期望值，在生活上多关心孩子，陪伴、鼓励孩子，建立起孩子的自信，不能盲目骂孩子，甚至在别人面前指责孩子，否则很容易造成孩子学业问题的进一步加剧。

分析造成孩子学业问题的原因，最主要的有以下几点：（1）智力因素，通常认为，智力与学习能力是成正比的，智力越高，学习能力越强；

（2）人格因素，包括学习的动机，注意力是否能够集中，解决问题的耐心程度，情绪的稳定性，是否有毅力等。假设孩子学习缺乏动机，对于学习缺乏应有的兴趣，上课注意力不能集中，做事急躁，没有耐心，在困难面前缩手缩脚，感情脆弱、容易焦虑不安、自卑感强烈，这些肯定会让孩子出现学业问题；（3）家庭因素，对子女抱过高期望的家庭会造成青少年疲劳程度高，妨碍青少年情绪的稳定和注意力的集中，进一步影响孩子的学习效率。我有一个朋友经常向我咨询，为什么她的孩子总是比别的孩子更容易生病，孩子经常感冒、咳嗽、发烧，我总结了一下，她和北北的妈妈一样，为孩子辞去工作，全职在家，把自己所有的希望都寄托在孩子身上，结果孩子的学业反而出现问题；（4）身体因素，比如经常生病，视力、听力下降，不注意锻炼身体，体弱和营养不良，也会影响孩子的学习效率。当然这些因素经常是复杂地交织在一起的，从而导致青少年的学业问题。

如何解决青少年的学业问题呢？我提出以下几点建议，供大家参考。（1）帮助孩子制定符合自身条件的学习目标，不能太高，太高会让孩子觉得遥不可及，喘不过气来，进而成为负性压力，让孩子望而却步。制定适合孩子的目标，通过努力，孩子达到目标后的喜悦会成为正性动力，促进孩子朝着更高目标努力。（2）激发孩子的学习兴趣，有了兴趣，孩子愿意主动去学习，从而提高学习效率。（3）帮孩子树立自信心，孩子取得成绩，要及时适当给予肯定、鼓励，而不是整天盯着孩子的缺点错误，指正孩子。（4）关注孩子的情绪变化，不管是学习还是生活，让孩子开心，度过一个美好而快乐的童年，拥有一个健康的人格，这些才是孩子将来立足社会的基本条件。孩子一旦出现焦虑、逃避、恐惧，甚至对抗情绪，一定要给予重视，查找原因，并给予及时干预，甚至必要时找心理科医生寻求帮助。

当然，对于青少年自身来说，你要明白学业问题往往反映的是心理问题，只要足够放松和相信自己，学业不会成为问题的，当然你不要总是和别人比名次，在排队的时候总得有人站在后面。你只要与你自己比，今天是不是比昨天又多学会了一些东西。如果你真的不是学习的料，你非常努力还是什么都不懂，那你也就不用和自己死磕了，也许你的能力体现在其他方面，你要做的是努力去发现自己在其他方面的天赋，而不是哀伤自己无法解决学业问题。当然，作为尚依赖于父母的你们，有时候你们还承受了很多来自父母的压力，所以进入青春期，你们的自我力量可以强大一点，不用事事听从别人的安排，表达自我是你们的权利，放下乖乖女、温顺儿的形象，挣脱那些父母强加给你们的期望，思考自己当下的人生。不用患得患失，人生不会只有欢乐也不会永远痛苦，勇敢地去经历，凡事终有过去的时候，不要辜负了自己当下的年华就好。

最后声明一点，我们不是在鼓动孩子反抗父母，而是希望父母能够放下自己关于掌控孩子未来的焦虑，更多地相信孩子自身具有趋于向上、趋于完美的能力。

（郑晓静　郑晓星）

虚幻的伤害更是伤害

——浅谈青春期孩子皮格马利翁效应

古希腊有一个神话传说，塞浦路斯的国王皮格马利翁爱上了自己雕塑的一个少女，他每天都对少女倾诉自己至诚的仰慕之情，希望少女能成为自己的爱侣。他对真挚爱情的期望感动了爱神阿芙狄罗忒，爱神就给了这个雕塑生命，石头的雕塑成了鲜活明艳的少女，有情人终成眷属。这个神话说明了期望对人的行为的巨大影响力，这是爱的心理规律之一。后来被称为"皮格马利翁效应"。

记得几年前，一个初二孩子李云（化名）的母亲走进诊室，说自己的孩子原来各门学习成绩还都非常好，最近不知怎么了，去上学时明显感到有一些不愿意，尤其是数学课，不爱做数学题，回家也不愿和家长说原因。李云的父亲在某金融机构工作，是一个比较顾家的男人，虽然平常比较忙，但只要有时间就陪孩子踢球、跑步等。母亲在一所重点小学当老师，陪孩子时间比较多。李云是一个懂事的男孩子，平常不愿意麻烦别人，谈吐举止都非常文雅，自尊心比较强，总是尽力把自己的事情做到完美。这一学期是初二第二学期，是升学的关键时间，但不知什么原因出现文章开头的一幕，近半学期数学成绩明显下滑，人也变得没有以前开朗。孩子的母亲去过学校和老师及学生进行交流，数学老师说没有发生什么，在和同学们交流时也都说没有发生什么事情，在家长的劝说下李云走进了诊室。

交流中我发现他在约两个月前的一次数学课上，数学老师一个不经意的行为让他久久不能释怀。老师上课提问时，他举了3次手都没有被叫到，他觉得受到了伤害，认为老师冷落他了。其实数学老师很喜欢他，因为他的成绩很好，这些问题对于他来说太简单了，老师就把机会留给学习不太好的同学。在后来的课程中，老师和同学都没有注意到他的微妙变化，上课举手少了，回答问题不积极了，做作业也没有原来快了，只是说自己不爱上数学课。经过心理治疗后，李云能够认识到对老师行为的解读只是自己的想法，老师从未有过任何针对他的异常态度。慢慢地他试着和老师建立关系，发现真的是老师觉得他学习好，才没有叫他，并不是老师不尊重他。他的自信心一点点恢复，数学成绩也在初三时回归到比较好的水平。

像李云这样的孩子在学校中可能还有，因为老师或者同学的无意忽略，出现了自我的否定，从而出现影响课业成绩的现象。这个年龄段的孩子自尊心比较强，非常在意别人的评价和看法，尤其是重要的人际关系，包括家长、老师、要好的朋友等都会对他造成一些困惑并影响工作和生活。这种现象在心理学上称为"皮格马利翁效应"，是指我们的不同暗示对于生活的影响会出现非常不同的表现，当孩子接收到"我们认为孩子行"的时候，我们会发现他越来越好，越来越优秀，但当孩子接收到"老师认为孩子不行"的时候，我们会发现他越来越差，越来越不好。孩子的成长过程需要我们给予正性的暗示教育，让他自己相信他能完成一些事情时，奇迹就会出现，这也就是此文中李云在成长的敏感时期，接收到老师认为自己不好的信息，自信心明显下降，出现成绩下滑的心理学原因。

这提示我们，在教育中，老师和家长需要保护孩子，给予积极暗示，促进孩子向更加适合自己成长的方向成长。我常常听到家长抱怨"就你这样，跟你爸一样没有出息""真没有见过这么笨的孩子，上辈子我不知干什么事了"……也听老师说"这个孩子真难管，真笨""她是全班最差的孩子"等此类消极否定孩子的言语。在孩子的成长中，这样的诅咒非常可怕，具有扼杀孩子潜质的效应。对于孩子教育中可以利用"皮格马利翁效应"正性暗示作用起到促进孩子成长的效果。吉斯菲尔伯爵的这一段话值得我们每一个和孩子打交道的人铭记在心："各人有各人优越的地方，至少也有他们自以为优越的地方。在其自知优越的地方，他们固然喜爱得到他人公正的评价。但在那些希望出人头地而不敢自信的地方，他们更喜欢得到别人的恭维。"

当然了，对于孩子来说，作为一个生命体来到世间，父母经过 10 余年的养育已经能够具有承担一定风险和一些责任的能力。挫折是一种财富，生命的过程就是不断试错的过程。在这个过程中伴随着受挫感的出现，有时挫折需要陪伴，这个时候父母、老师、朋友就是最好的陪伴者，帮助孩子走过生命中最艰辛的阶段。而走过挫折，继续前行，生命就会绽放出属于自己独特的光彩和风景。

（肖存利）

心酸的出名

——变相的寻求关注

> 告诉我，月亮，你苍白而疲弱，在天庭的路途上流
> 离漂泊，你要在日或夜的哪个处所，才能得到安详？
> 疲倦的风呵，你漂流无定，像是被世界驱逐的客
> 人，你可还有秘密的巢穴容身，在树或波涛上？
>
> ——雪莱《世间的流浪者》

李小猫（化名）今年14岁，男孩，刚上初中二年级。平常表现比较内向，不爱说话，想法比较简单。他小时候一直与父母在一起生活，但父母经常吵架，他要经常看父母脸色，有时候父母吵架严重时母亲就哭闹着要自杀。在吵架中父亲慢慢变得不爱回家，家里经常只有他和母亲两个人。在他7岁时父母离异，他被判给父亲，父亲从不允许母亲来看他。后来母亲再婚了，父亲也再婚了，他被父亲送到爷爷奶奶身边。爷爷奶奶虽然疼爱他，尽量满足他的物质要求，别的孩子有的玩具他都有，但毕竟已经是70多岁的老人了，照顾一个精力旺盛的孩子终究还是力不从心，爷爷

奶奶还经常生病，李小猫有时候也要帮助老人去医院取药。父母都分别有了自己的孩子，很少来看他。李小猫学习还基本能跟上，课外班上得很少，在学校里朋友也比较少，不爱与人交往，有时候孩子们在一起说他没有父母，是孤儿，他很生气，为此没少和同学打架。

近期发生一起让人极其哭笑不得的事情，他兴奋地到处炫耀，跟别人说"我出名了，今天学校在广播里说我了……"不知道的人们看到这里，以为会是非常值得高兴的被表扬的事情，但事实恰好相反，李小猫最近因为屡次与同学打架，违反学校规定被学校广播通报批评了，结果他高兴地到处宣扬。老师发现批评对他完全没有用，很无奈，就带着他走进了心理服务区。

听起来让人很心酸，很诧异，以为这个孩子精神有问题。一般孩子听到这样的批评，会觉得颜面扫地，自责很久，还有一些孩子在这种情况下，会装作若无其事，像李小猫这样到处炫耀自己被通报批评的孩子太少见了，也太需要让人理解了。

就像小树的成长需要阳光雨露一样，孩子的成长需要来自父母的关注和爱，孩子只有被父母重视，他才能发自内心地觉得自己是重要的、有价值的。我们知道现在很多孩子都是家里的小太阳，得到家长很多的关爱，但过分关注引发的新问题是孩子觉得家长太过于控制，不允许干这个，不允许干那个等条条框框非常多。但也有一类像李小猫这样的被放任自流的，说难听点就是被严重忽视的孩子，在成长过程中被抛弃感严重，这是一种非常不利成长的现象。控制是一种变异的爱，但至少还有人在注视你；而被忽视是爱的缺席，感受到没有任何人关注自己，是一种更加孤独的情况。有时候人们会说：会打糟糕的太极比不会打要强很多，这也就像差劲的爱比没有爱强很多，这个孩子就是一种因为被忽视，在以这样的形式向外界展示他的需要，表达他的孤独，呼唤周围人的关注，哪怕这是一种歧视或者鄙视，也比没有人关注的状态强。这样的状态能唤起他内心的喜悦和兴奋，这是一种非常变态和心酸的出名，但这是这一类孩子的需要，这是他内心的呐喊和求救。

　　在现在社会离婚率比较高的情况下，像李小猫这样的孩子不在少数，需要引起家长和社会的关注。

　　首先，对于孩子异常行为背后的动机要进行理解和分析，帮助孩子度过人生的艰难时刻。其次，家长在离婚时对于孩子的抚养问题应予以重视，离婚也还是孩子的父母，这是其他人没有办法替代的，定期陪陪孩子给一些关爱。最后，父母双方不要过度说对方坏话，孩子在骨子里对父母双方都是非常忠诚的，在父母的相互攻击过程中，孩子很无力，没有选择，会认为是自己不好，才导致这样的事情发生。

　　在学校，老师要多关注这类孩子，发现孩子身上的闪光点，多鼓励和支持孩子。这类孩子会很自卑，软肋较多，有时候也会很容易满足，一点点关注或者关爱，会改变孩子对人生的看法，会影响孩子一生。作为同龄人的青少年朋友也要注意，不要去随便地取笑、调侃身边一些处境比较不佳的同学，你不在风浪中间，所以你不能理解处于风浪中心的人的恐惧和绝望。请更多地向他们伸出友爱的手，让你们青春的阳光照拂到他们身上。

　　当然了，作为孩子，不管环境怎样，至少我们生存下来，就说明还有一些人在爱我们，还有一些人在帮助我们，需要我们感恩，学会自强不息。

（肖存利）

我的未来我做主

——谈青少年自主的力量

你是不是像我在太阳下低头/流着汗水默默辛苦地工作/你是不是像我就算受了冷漠/也不放弃自己想要的生活/你是不是像我整天忙着追求/追求一种意想不到的温柔/你是不是像我曾经茫然失措/一次一次徘徊在十字街头/因为我不在乎别人怎么说/我从来没有忘记我/对自己的承诺对爱的执著/我知道我的未来不是梦/我认真地过每一分钟/我的未来不是梦/我的心跟着希望在动

——张雨生《我的未来不是梦》

前几天和几个朋友一起聊天，大家说起了青春期逆反的话题。其中一个朋友很感慨地说，她女儿的青春期一直风平浪静，好像一点叛逆的动静都没有，可是在青春期的尾巴却搞了一出惊天地泣鬼神的大动静。我们都很好奇，催着她讲讲女儿的故事。朋友的女儿甜甜（化名）小时候非常乖巧，从小学到初中再到高中，基本上都是遵照父母的安排生活，朋友给她女儿报了舞蹈班、游泳班、英语班，还坚持让女儿学拉小提琴，到了小学四年级又给女儿报了奥数班，孩子曾提出不想学舞蹈，想学画画，但朋友认为舞蹈能够修炼女孩的形体，学习功课也紧，画画就别学了。孩子也都没说什么，成绩在班上不是特别优秀，但总归能保持上游。朋友一直觉得自己女儿挺省心的，很庆幸自己不像别的青春期的家长经常焦头烂额地和闹独立的孩子斗智斗勇。

可是，到了甜甜高考报志愿的时候，甜甜的小宇宙突然爆发了，她坚持要报复旦大学，朋友和她老公都认为以甜甜目前的成绩水平，报考复旦大学的风险是很大的，建议甜甜选择同济大学、南开大学等比较稳妥的重点大学。老师也不建议甜甜报复旦大学。可甜甜铁了心，谁劝也不听，爸爸对甜甜发火了，最后甜甜妥协了，说第一志愿她让她选择复旦大学，其他志愿由爸爸来填。高考成绩出来后，果然如大人们的预期，甜甜差了几分没能考上复旦大学。第二志愿的中国地质大学珠宝系可以录取，父母都觉得这是很好的专业，女孩从事珠宝行业也是个很体面的工作，都希望甜甜能够去上学。可是甜甜再一次做出了让父母大跌眼镜的决定，要复读一年重新参加高考。父母几度苦口婆心地劝说也动摇不了一点甜甜的心，只好同意她复读。

第二年高考，甜甜终于同意父母的意见，放弃复旦大学，报考录取分数稍微低一点的武汉大学，但甜甜有一个附带条件，大学可以由父母选，但专业一定要她自己选。她报了个哲学系，当时哲学属于冷门专业，大家都看不到哲学系毕业生的就业前景，于是父母又开始轮番劝说，但甜甜态度坚决地说："我选择的我就能自己负责任，你们谁要是帮我做主，以后我的人生就交给谁。"父母没词了，甜甜以高出武汉大学哲学系几十分的优异成绩被录取。期间还有个小插曲，当时武汉大学招生的老师和甜甜的爸爸是朋友，在甜甜成绩出来后，还关心地打来电话询问要不要调个专业。可是甜甜一点也不领情，对父母说："你们谁要是帮我换了专业，谁就自己去上学。"朋友说这是她第一次领教到青春期孩子的自主意志，太坚定了。

在武汉大学哲学系，甜甜的学习非常顺利，由于她英语水平优于其他同学，在大学的第三年她就作为国际交流生了去了韩国最有领导力的延世大学学习，在那里她结交了很多国际的朋友，也和同学结伴考察很多欧美国家，眼界一下子打开了。大学毕业后她自己成功申请了美国的乔治敦大学（美国总统克林顿曾经就读的学校），学习政治经济学。毕业后从政，目前在国内一家知名企业担任高层领导。

在一次和朋友的聊天中，甜甜说："妈妈，您知道吗？其实我一直没有好好学习，初中的时候我在学校里组建了一个乐团，我们经常参加演出，知道你们不乐意，都瞒着你们呢！其实我一直喜欢画画，到现在我还是不喜欢舞蹈。你们啊，纯属瞎捣乱，我其实很清楚自己要什么，如果当初你们不干涉我，当年我就考上复旦大学了。"看着闪闪发光的女儿，这个虽然源自于她，但不属于她，甚至需要她去仰视的女儿，朋友在欣喜骄傲之余也深深为女儿身上这种自主的力量所感动，她对我们说："从我女儿身上，我看到了生命的力量。孩子就像一粒种子，她落在地里，就天生具备了向上成长的能力，走过她的成长历程，我才明白自己当初的焦虑是多么多余。"生命终归是圆融自足的，作为父母，其实不需要每天守在地里盯着种子成长，这样很容易就产生揠苗助长的冲动。父母给予孩子需要的灌溉，做好自己，给孩子创造一个良好的环境，然后就安心地静待花开。这样就现世安好了！

我们听完了也特别感动，一下子觉得育儿的焦虑减轻了很多。很多时候，我们不相信孩子具有观察世界、理解世界的能力，孩子在我们眼里永远是那个尚在襁褓中的懵懂无知的婴儿，我们那么害怕不能把世界上我们能够争取到的最好的未来许给孩子，我们总觉得自己的经验教训能够帮助孩子的人生一帆风顺，于是我们被自己的焦虑淹没，我们每天不停地告诫孩子这个危险那个不对，我们每天看见孩子"不求上进"的样子就恨铁不成钢，就开始河东狮吼。可我们都忘记了，在我们年轻的时候，我们也曾经多么渴望能够什么事都能够按照自己的判断去尝试一下。哪怕你告诉我前面有一个坑，可是如果我不亲自掉进坑里一次，我就不能理解坑有什么危险，那个坑就始终对我充满了诱惑。当我们的孩子进入了青春期，他们的大脑在成熟，他们的思维在迅速发展，他们的世界与我们曾经经历的世界有着天壤之别，用我们固化的思想去指导这样一个蓬勃高速发展的生命，去操控生命的走向，其结局要么是我们自己筋疲力尽、心灰意冷，要么是孩子无力抗争、放弃自我。然后就是"菊花残满地伤"了。所以，对于孩子，尤其是青春期的孩子，相信并尊重孩子的自主权是父母和老师能够给予孩子的最好的礼物。

那对于青春期的孩子来说，要如何去争取并捍卫自己的自主权呢？我想刚才甜甜的例子就是一个很好的示范。你要明白，作为父母很难放下对孩子的担忧，所谓"儿行千里母担忧"，你要对着父母宣读"独立宣言"，恐怕父母只会忧心忡忡地看着你，然后说："孩子，不听老人言，吃亏在眼前。"很多时候，迂回的方式要比直接的对抗有效得多。小事尽量服从父母，尽量避免养成父母和你斗智斗勇的习惯，你要知道，每一次在无关紧要的小事上和父母进行争执都是在给父母机会演练如何更好地让你服从。你成功麻痹了父母后，在大事面前你就有机会做主了，父母对你的反抗太生疏了，他们还没有研究出作战方案呢，在他们方寸大乱的情况下，你晓之以理，动之以情，很容易就能攻破父母顽固的老脑筋。当然，最重要的一点，青少年朋友们要明白，权利和责任是相伴随的，你拿到了自主的权利，就一定要担负自己人生的责任。不能率性地做主，然后让父母帮你收拾残局，要这样，以后你想再拿回自主权就很困难了！

青春是人生最具创造力的阶段，青少年自主的力量将会创造任何的可能，所以希望所有的青少年朋友都能拥有自主权，并且都能担负起自主的责任。

（郑晓星）

欲罢不能的诱惑

——谈青少年毒瘾

> 我或许败北，或许迷失自己，或许哪里也抵达不了，或许我已失去一切，任凭怎么挣扎也只能徒呼奈何，或许我只是徒然掬一把废墟灰烬，唯我一人蒙在鼓里，或许这里没有任何人把赌注下在我身上。无所谓。有一点是明确的：至少我有值得等待有值得寻求的东西。
>
> ——村上春树《奇鸟行状录》

小华的父母常年在外打工，小华年幼的时候就被寄养在亲戚家，平时过年才能见上父母一面。淡漠的亲情和疏忽的家庭教育使得小华上小学起就性格叛逆，行为乖张。因为学习成绩差和品行问题多次被学校劝退。小华14岁就被迫离开学校步入了社会，平时出入各种娱乐场所，比如网吧和歌厅，所以就有机会接触到很多违禁品。起初，小华只是看别人吸毒，但是在朋友的再三劝说下，他也抵制不住好奇心，慢慢地沾染上了毒品，从此一发不可收拾。在成瘾后因为需要更多的钱来吸毒，他不断抢劫、盗窃，并在毒品作用下威胁、恐吓、重伤他人，最后被公安机关抓获并强制送入戒毒机构。

像小华这样误入歧途最终越陷越深的青少年在我国不占少数。据调查，我国青少年吸毒人数从 10 年前开始呈现出持续递增的状态，2015 年登记在册的滥用合成毒品人数是 2008 年的 6.5 倍，其中有 70% 的吸毒人员年龄在 18 ~ 35 岁之间。在吸食最常见的毒品海洛因的吸毒人员中，有60% 年纪在 25 岁以下，足以标志着毒品滥用已经逐渐走向低龄化。那么究竟是什么原因导致了青少年吸毒人数逐年增加呢？

其中的主要原因，与接触毒品的贩卖渠道的机会有关。长期留守的青少年因缺乏管教导致品行问题增加，从而更容易过早受到社会负面现象的影响。据了解，我国留守儿童在青少年时期还能正常完成学业的人数大约只有 70%。其中在校学生半数以上因为撒谎、逃课、打架等问题一直是学校里的问题学生。这些留守儿童由于长期得不到父母的管教和情感关怀，容易过早地脱离学校的正规教育，去社会上寻求刺激，也更容易在各种娱乐场所结识吸毒贩毒人员，从而走上违法的道路。

毒品会对青少年产生什么样的不良影响呢？首先，大多数毒品作用于人体的中枢神经系统，致使多巴胺分泌紊乱。多巴胺是一种神经递质，平时掌管大脑的奖励机制、学习、运动、情绪和兴奋感，也与各种成瘾行为相关。在毒品的作用下，毒品的分子会阻隔多巴胺的运行通道，让致人兴奋的多巴胺长期游走在大脑的神经突触间隙中。所以常见的毒品，例如海洛因的戒断症状之一就是使人长期处于兴奋状态，这种兴奋可以让人忘记饮食和睡眠的需求。长此以往会使得吸毒者逐渐消瘦、免疫力低下，危及生命。有些毒品例如大麻，还会导致注意力和记忆力的损害，最终致使脑部神经的永久性损伤，吸毒者年纪轻轻就会失去工作和学习能力。还有的类似致幻剂（LSD）的毒品会给吸毒者造成一系列精神病性症状，例如幻听、幻觉和被害妄想，长此以往还会影响吸毒者的社会交往，或者最终失去亲朋好友的支持，导致开始接触毒品的患者最终只能跟其他吸毒人员为伍，从而失去被社会机构及时救助的机会。据统计，吸毒人员的寿命在吸食毒品后的 10~20 年之间，其中有很多早期吸毒的青少年因为把握不住量死于吸毒过量，长期的瘾君子则最终死于神经系统、血液循环系统和免疫系统等疾病，以及注射伤口的感染。还有的死于自杀、自残以及在毒品导致的认知功能丧失的情况下发生的各种意外事故。比如，致幻剂导致的幻觉会使吸毒者将普通物体看成自己想象中的物品，这就加大了患者因为判断不清导致的误食毒物、溺死、高空跌落或交通事故的意外死亡的概率。总之，吸食任何种类的毒品绝对是百害而无一利。青少年绝对不能因为情感上的缺失和同伴的教唆，或一时追求刺激追求另类，从而走上万劫不复的深渊。

众所周知，毒品对人类有着毁灭性的结果。林则徐的"虎门销烟"为什么大快人心？因为它消除了人们对于毒品的恐惧和愤怒。可为什么在落后的清朝我们就开始了对鸦片的战争，而在现代文明的中华人民共和国，每年吸毒人数还是不断增长呢？难道真的是因为它的诱惑力大吗？其实，很多孩子在起初接触毒品的时候，这些毒品都穿着俏丽的外衣，并以其他非"毒品"的名称流入市场，从而降低青少年的防范意识。很多青少年在第一次吸毒的时候，就算之前受过这方面的教育，知道不能吸毒，但是在被人诱惑的时候，却不知道自己吸食的是毒品，因为它们可以被藏在任何形式的饮料里，或是香烟里。最终等他们上瘾的时候，才知道自己当初吸了毒，但为时已晚。所以当有人劝告我们食用任何不明食物和饮品之时，尤其是在娱乐场所，一定要提高防范意识，该拒绝时一定要拒绝，不能抱着从众的心态，被来路不明的人拉入泥沼。另外，要想远离毒品，最安全的方式就是不要经常在它有可能出现的场所逗留，比如酒吧和歌厅。在这个时期的孩子，如果能在学校正常上学，就一定要在学校里完成学业。个体在青春期阶段的主要任务是建立同一感或自己在别人眼中的形象，以及他在社会集体中所占的情感位置。如果在这个阶段过早地脱离学校，失去了学生这个身份，青少年就不会清楚自己在大众眼中的位置，不确定自己在社会中的形象，也就会经历这一阶段的危机——角色混乱。青少年在心理上普遍渴望在别人眼中树立一个良好的自我形象，那些成绩差或已经辍学的学生由于没有同学之间的互相认同，就会经历角色混乱的过程，努力去社会上追求志同道合的"兄弟"来树立一个自我形象，也就容易跟社会上鱼龙混杂的集体相认同，最后就很容易被带上吸毒的道路。

另外，在校学习或是已经有固定工作的青少年对于一些依赖性相对较轻，不计入国家管制毒品行列的毒品，也有着难以抵制，并久而久之依赖成瘾的倾向。这些毒品包括酒精和咖啡因。很多课业繁重，或是马上经历升学考试的学生，以及忙碌的上班族，都会借助咖啡因来帮助自己提高精力。咖啡因起初的确会使人集中注意力、精力旺盛，而且很长时间没有倦怠感。但长期饮用咖啡因会导致精力透支，透支下去的结果就是需要不断用更多的咖啡因饮料来帮助他们维持正常的工作和学习效率，长此以往恶性循环，也就形成了一种物质依赖。所以作为青少年的我们平时也最好不要过度饮用咖啡因来维持精力。市面上出售的很多饮料，比如咖啡、可乐、运动饮品里都含有咖啡因，平时最好少喝，少摄入咖啡因含量。因为不论是什么样的毒品，最终都会上瘾并难以摆脱。

对于留守的青少年来说，在你们的生命中或许承受了很多不堪的遭遇，但如果想借助毒品的麻醉作用让自己逃脱生活的烦恼，那无异于南辕北辙，最后只会让自己陷入罪恶的深渊。而对于觉得难以承受压力的青少年，想借助毒麻物品来让自己获得暂时的放松，这也无异于饮鸩止渴，成瘾的麻烦会让你承载无尽的压力。或许命运对我们不公，但只要我们足够努力，就能获得相对好的未来。如果逃避到毒品的虚幻世界中，我们就再也没有机会体验属于我们的人生了。所以，对于青少年来说，一定要警惕毒品对自己生活的侵害，并且相信自己的能力，对未来有合理的期待，耐得住寂寞和苦痛，努力实现自己的人生。套用禁毒的宣传口号，"珍爱生命，远离毒品"。

（任抒扬）

无处可逃的位高者

——谈青少年角色失败后的自杀

以死来鄙薄自己，出卖自己，否定自己的信仰，是世间最大的刑罚，最大的罪过。宁可受尽世间的痛苦和灾难，也千万不要走到这个地步。

——罗曼·罗兰

17岁的小悠品学兼优，一直是家长眼中的好孩子，老师眼中的好学生。由于学习名列前茅并乐于助人，小悠一直担任班长或学习委员的职务。每当班里有在学习方面需要帮助的同学，小悠都会向他们伸出援助之手，为同学解决学习上的各种困难。长久以来，同学们都把他当成班里的No.1，渐渐地小悠在同学心目中也具备了越来越高的威望。被群体信赖和认可的小悠也十分享受他在学校里树立起的自我形象，并在集体活动、学生会和家庭聚会中表现出优越于其他孩子的阳光和自信。高中毕业后，小悠顺理成章考上了一所名牌大学。但问题开始渐渐显现出来。小悠所在的学校虽然是全市重点高中，但是在他所就读的这所全国名牌大学中，小悠渐渐发现他已经不是全班最优秀的学生了，一次期中考试，小悠发现自己居然变成了全班倒数。小悠长期以来建立起的自信瞬间瓦解，他感觉自己已经不能像之前那样得到班里同学的认可，这对自己在他人心中建立起来的形象无异于是一种致命的打击。更雪上加霜的是，小悠在新的环境里因为学习成绩不良而被同学排挤，直至大一那一年结束都没有交到几个固定的好朋友。小悠逐渐感觉到，因为他的学习成绩落后，本来能成为好朋友的室友们也都因为他课业上的落后逐渐疏远了他，所以自从上大学以来一直郁郁寡欢，最终当老师在班里一次次点名批评他之后，闷闷不乐地小悠回到家，选择了服安眠药自杀。所幸被回到家的妈妈及时发现，把年轻的生命挽救了回来。

据调查，自杀是我国 15 ~ 34 岁青少年群体的第一大死因。其中最普遍的自杀原因就是学习压力大。在上述案例中提到的小悠之所以会自杀，其中一部分原因就是因为学习上的成绩与之前有着明显的反差，让他对自己产生了怀疑，承载了比周围同学更大的学业压力。还有一部分的重要原因，来自之前在同学心目中树立的优等生形象的轰然崩塌，让小悠无所适从，不知道如何扮演自己当前的角色。在青少年时期，我们最注意的就是自己在他人心目中的形象。心理学家认为，此时年轻人会把关注自己的群体范围在想象中扩大，不论是走在大街上还是平时在家里，都想象着时时刻刻会有人关注自己的一言一行，所以对于自己留给别人的印象十分在意。当年轻人认为自己的言行举止会让大众产生负面看法的时候，他们就会耿耿于怀，在心里不断地琢磨面临尴尬时的场景，甚至会长时间感到羞愧和自责，埋怨自己为什么当时没有更加成熟地处理面对的尴尬，为什么不能够再优秀一点处理一切困难？这样的心理状态在小悠的身上还可能会被放大，因为之前他是学生中最受瞩目的孩子，已经习惯了被众星捧月的感觉。所以一个固定的良好形象的瓦解必然会给小悠造成心理创伤，甚至久久不能平复。他会在自己失去同学的信任和以往的崇拜之后，羞愧难当，并担心之前的老师同学也会嘲笑自己，所以有一种无颜再次面对父母和老师同学的感觉。在这期间，老师的批评和同学们的疏远，更加证实了小悠的猜想，放大了小悠的恐惧和原来的自我形象瓦解后而产生的焦虑。

这种固定形象的丢失被称之为角色失败。

角色失败是角色扮演过程中发生的一种极为严重的失调现象。在角色失败的过程中，由于现实中的诸多阻碍，使得角色扮演者无法进行成功的表演，最后不得不放弃之前已经扮演的角色。如果之前扮演的角色已经深入人心或者时间久远，那么突然的角色失败很有可能让普通人一蹶不振、心灰意冷，甚至走上自杀的道路。比如，如果一个妇女之前的角色一直是一个合格的母亲，在当她失去自己的孩子而不得不放弃作为母亲这个角色的时候，这种角色失败通常会导致母亲希望与孩子共同结束生命的想法，所以角色失败很有可能导致个体产生轻生的想法。因为他们无法接受自己先前通过辛苦付出和努力得来的良好形象在一夜之间轰然崩塌，所以为了永远保留这个形象，他们宁可在角色失败的时候与这个角色一同消失，也不愿意再继续扮演一个与先前角色反差太大的另一角色。在上述案例中，小悠一直是好学生、同学们眼中可以依赖的大哥，但是随着学业上的退步，他万人拥戴的角色在新环境中瞬间瓦解，使他不得不重新接受自己作为一个差生的形象，这对他来说是难以接受和适应的。

虽然角色失败通常是件坏事，但是如果处理得当也可以把坏事转变为好事。正如文中的小悠，如果他能重新认识现实，不再追求之前那被人依赖和拥戴的感觉，而去更加优秀的同学那里寻求帮助，这样既有可能帮他重新建立人际关系，减轻竞争压力，也能让他的学习成绩提高得更快。因为角色失败而选择自杀的人，通常自尊心强，平时知心朋友较少，而且为某一职责长时间付出汗水和努力。为了避免因为角色失败而导致的自杀事件的发生，有着上述特点的人应多与身边的人交流内心想法、扩大交友圈、休闲时培养不同的兴趣，并适当地把过度的责任分担给他人来完成，这样就不会让自己的角色在别人眼中抱着很高的期待。如果别人没有对你有很高的期待，自己对自己的要求也就相对来说不那么严格，再经历角色失败的时候，也就不会自己跟自己过不去，自寻死路了。

谚语云："爬得高，跌得重。"在任何一种角色扮演的过程中，都有三个阶段：第一个阶段，社会对个体的角色期待；第二个阶段，个体对自己角色的领悟；第三个阶段就是实践这个社会角色，在这个过程中，如果社会本身没有对任何一个个体有着太高的要求，那么个体也就不会把自己所扮演的角色跟自己"连为一体"，在不得不放弃它的时候，也不会与它"同归于尽"，而是更能拿得起放得下，在不同角色中自由转换了。希望我们每一个人在社会中努力扮演自己角色的同时，不要被它的单一性和社会期待所束缚，导致在最后不得不放弃它的时候，做出不理智的选择。在一种角色失败的同时，我们不一定非要把自己的一切与它联系起来，我们可以随时选择扮演一个新的角色来开拓自己的眼界，丰富自己的人生。

（任抒扬）

离家出走的孩子

——谈单亲家庭青少年的心理健康问题

> 世上只有妈妈好/有妈的孩子像个宝/投进了妈妈的怀抱/幸福享不了
>
> 没有妈妈最苦恼/没妈的孩子像根草/离开妈妈的怀抱/幸福哪里找
>
> ——《世上只有妈妈好》

王宁3岁的时候，父母因感情不和离婚了，他从小跟着父亲生活。王宁的父亲是一个能力和独立性差、心胸狭隘、没有责任感、不求上进、恋母情结重的人。离婚后父亲就把爷爷奶奶接过来一起照顾王宁。父亲始终无法放下对母亲的怨恨，用不让探视孩子的方式来惩罚母亲。爷爷奶奶和王宁父亲观点立场一致，经常在孩子面前说母亲的坏话。所以，王宁母亲很少能有机会见到王宁，更不用说陪他了。其实王宁特别想见母亲，可是父亲总是阻碍他们母子见面，跟他说妈妈不爱他了，叫他不要自讨没趣。偶尔王宁有机会和母亲在一起，父亲都是一脸不高兴，限制王宁和妈妈交流，也不让王宁叫妈妈。王宁更没有机会和妈妈单独相处，连和妈妈一起外出吃饭的机会都被父亲、爷爷和奶奶强行阻拦了。王宁很不理解父亲、爷爷、奶奶对待母亲的态度以及不让他见母亲的意图。看到别的小朋友能和妈妈在一起玩耍，享受母爱，王宁就陷入思念妈妈的煎熬中，很苦恼。在父亲、爷爷和奶奶的高压下，王宁因为无法得到正常的母爱和家庭生活的温暖，觉得很压抑，自卑，迷茫，做什么都没有信心和兴趣。因为爸爸大男子主义，脾气还很暴躁，王宁小的时候因为自己弱小没有能力，惹不起父亲，自己的意愿不能满足，也不敢反抗，对父亲的成见都深埋在心底，慢慢地对父亲有了很深的积怨。因为心情不好，正常的愿望得不到满足，王宁每天都不开心，也不愿意学习，懒洋洋的，什么都不想做，学习成绩一般。

进入青春期，王宁非常叛逆，每天晚上不睡觉上网打游戏，早上不起床，在学校里上课睡觉，下课疯闹，不听课，也不写作业。父亲督促他学习，不但不听还跟父亲顶嘴，抱怨父亲不让他见母亲，指责父亲自己这么大了还和自己的父母住在一起是一种不独立、无能的行为。初中以后，王宁开始经常逃学，去游戏厅打游戏。学习成绩每况愈下，在班里经常倒数第一。初二的时候，王宁因为和父亲要钱，父亲不给他，就把电脑和电脑桌都砸了，离家出走了，从此后杳无音信。对于王宁的出走，王宁的父亲指责王宁母亲，认为一切都是王宁母亲和自己离婚导致的，把一切原因归结到孩子的母亲身上。

很显然，王宁的问题和父母离婚是有关系的，离异父母没有处理好两个人之间的关系再加上承担主要养育责任的父亲自身的问题，导致孩子的心理出现了问题。当代社会离婚率越来越高，有数据显示，2017年，北京离婚率高达39%，位居首位；其次是上海，离婚率高达38%；深圳离婚率为36.25%。这么高的离婚率，无疑单亲家庭孩子的心理健康会成为一个不可忽视的社会问题。那么单亲孩子的心理问题有哪些呢？

最常见的是低自尊和情绪问题，自卑、孤独、抑郁在父母离异的孩子身上经常见到。一直以来，父母在孩子们心目中是大树和温暖的港湾，父慈母爱，幸福无边。处在一个没有父亲或母亲的单亲家庭里，没有父母完整的爱，孩子就自然没有这份优越感了。如果留在孩子身边的亲人，对离开家庭的一方抱有怨恨成见，并将这种怨恨传递给孩子，在孩子面前发泄不满的情绪，让孩子有意无意中承受着这些不满和怨恨，孩子就容易感到迷茫、压抑。再加上世俗的偏见，认为离婚总是不光彩的事，单亲孩子在社会中备受歧视。有些单亲的孩子，由于家庭的缺陷，自己郁闷的心情无处宣泄，患上抑郁症。在重组家庭里的孩子，很多由于与继父母之间的隔阂，不但亲情交流受到限制，有时候还觉得自己亲生父母的爱被继父母抢走了，容易产生孤独感，形成压抑、胆小、离群、不大方的性格特点，也就不容易交到朋友。

还有一种情况，就是单亲家庭的父母觉得没有给孩子一个完整的家，自己亏欠了孩子。为了弥补孩子，就对孩子百依百顺，毫无原则地迁就妥协，这也容易让孩子从小就养成了上不服天、下不服地的唯我独尊的心理特点，以自我为中心，稍有不顺心，就大哭大闹，寻死觅活。心目中根本没有父母，没有老师，没有他人。有些单亲家庭的孩子，因为父母离婚而憎恨父母，憎恨不提供抚养费的父（或母）亲，或站在父母之中的一方，憎恨另一方。同时，单亲孩子内心又非常渴望父爱和母爱。为了引起父母对自己的关注，单亲孩子有时候会干出一些极端出格的事情来，比如穿奇装异服、夜不归宿、打架斗殴，甚至吸毒。有时不愿跟父母说话，对于父母的忠言相劝，他故意说父母是错的，总之，一味要对着干，以此来报复。

单亲家庭的孩子还容易出现的问题是敏感、伪装、撒谎。一般来说，父母关系不太好的孩子都比较敏感，因为孩子倾向于认为父母之间的争吵和自己是有关系的，因而为了减少父母之间的争执，孩子很小就学会了察言观色。父母离婚了，孩子为了拥有父母双方的爱或者为了不背叛父母，他们很明白在妈妈面前不能说爸爸好，在爸爸面前不能说妈妈好。有时候还要故意表现得和妈妈或者爸爸不亲近，好获得抚养自己的家长的欢心或者希望能够让陷入离婚悲伤中的父母开心。单亲孩子有时和妈妈或者爸爸见面了，明明心里很高兴，却不能和身边的家长分享。孩子身处父母矛盾的各种漩涡之间，小心翼翼讨好父母，根据父母的心情来表达自己，渐渐地就习惯于撒谎、隐瞒和伪装。

父母离异对于孩子长远的影响还表现在孩子处理婚恋关系上，早熟、早恋、怀疑婚姻是单亲家庭的孩子最容易出现的问题。单亲家庭的孩子，因为缺少父爱或者母爱，要与单亲的家长共同承担家庭的责任和度过生活上的危机，会比同龄孩子早熟。比如：睡觉前检查关窗户、关煤气、关水管儿以及锁门，提醒家长交水电费等。或许早熟对于孩子也有好处，可以让他更早地学会独立，但从孩子快乐单纯的天性层面来讲，孩子迫于生活的早熟总归是有点让人觉得沉重和伤感的。因为在生活中缺少关爱，长期处于孤独之中，单亲的孩子会希望在恋爱中得到更多的爱，更容易早恋，甚至偷食禁果。单亲家庭的人成了家以后，因为自己父母离异往往怀疑婚姻的稳定性，不相信婚姻能够长久。同时，婚姻关系的复杂性让他们觉得很棘手，因为他们没能从父母那里学习掌握处理各种家庭关系的方法。

当然，我们不是说单亲家庭的孩子就一定有问题，也有很多单亲家庭的孩子发展得很好，对生活的态度非常积极乐观。前面论述了很多单亲家庭孩子出现的问题，与其说是父母离婚导致了孩子出现这些问题，不如说是父母对婚姻关系的处理导致孩子出现了很多问题。相信大部分人走进婚姻时都是希望天长地久的，但现实有时很无奈，种种问题导致了父母不得不离婚，其实对于孩子的健康成长来说，凑合的混乱的婚姻未必就比离婚有益。但父母关系出问题，不得已要离婚了，这件事情或多或少都是会影响到孩子的。如何才能将离婚对孩子的伤害降到最小呢？

首先要明白，父母的离婚只是父母之间婚姻关系的终结，但父母和孩子之间的亲情并不会因此而消失。所以一定要明确告诉孩子父母的离婚和孩子没有关系，父母对孩子的爱不会因为离婚而减少，不管由谁来照顾孩子，都要鼓励和创造机会让另一方多和孩子相处。其次，孩子总是不愿意贬低父母任何一方的，所以离婚双方一定要做好自己的心理保健问题，不要把离婚的怨气发泄在孩子身上，不要在孩子面前抱怨指责另一方，更不能把控制孩子作为报复另一方的筹码。最后，离婚对于任何一个人都是一个创伤事件，是个体生命中的一个重大丧失，可能会引发个体很多不良的心理反应，这个时候要求受伤中的父母再去照顾孩子的情绪有时还是很困难的。因此，在父母遭遇离婚事件心情阴郁时，及时寻求帮助，照顾好自己的情绪，让自己尽快从创伤中走出来才有利于今后更好地帮助孩子减少父母分开带来的不良影响。如果孩子对父母离婚出现了不适应的反应，尽快带孩子接受心理咨询，不要等问题严重，孩子出现行为问题的时候才就诊，这个时候花费的时间和金钱就比问题刚发生时代价昂贵多了。

1989 年我国台湾地区有一部电影，叫作《妈妈再爱我一次》，讲的就是父母离异导致孩子心灵受伤的故事。电影的主题曲《世上只有妈妈好》当年不知道唱哭了多少人，"有妈的孩子像个宝，没妈的孩子像根草"。所以父母给予孩子最大的爱莫过于让孩子看见父母之间的恩爱，只要孩子感觉到他能够可靠地拥有父母双亲的爱，孩子就会觉得他的世界是安全的，他就能把更多的精力放在自己与外界的互动上。所以，即使父母离婚，也一定要给予孩子父母双方的爱，不要因为婚姻的小船说翻就翻了，导致孩子的安全感说没就没了。总而言之，婚姻不易，且行且珍惜，为了孩子的健康成长，希望父母能更稳妥地处理自己的关系。

（韩　超　郑晓星）

没有退路的人生

——谈父母期待对青少年应对压力方式的影响

上帝给我一个任务，叫我牵一只蜗牛去散步。

我不能走得太快，蜗牛已经尽力爬，每次总是挪那么一点点。

我催它，我唬它，我责备它，

蜗牛用抱歉的眼光看着我，仿佛说："人家已经尽了全力！"我拉它，我扯它，我甚至想踢它，

蜗牛受了伤，它流着汗，喘着气，往前爬……

真奇怪，为什么上帝要我牵一只蜗牛去散步？

"上帝啊！为什么？"天上一片安静。"唉！也许上帝去抓蜗牛了！"好吧！松手吧！反正上帝不管了，我还管什么？

任蜗牛往前爬，我在后面生闷气。

咦？我闻到花香，原来这边有个花园。

我感到微风吹来，原来夜里的风这么温柔。

慢着！我听到鸟声，我听到虫鸣，

我看到满天的星斗多亮丽。咦？

以前怎么没有这些体会？我忽然想起来，

莫非是我弄错了！原来上帝是叫蜗牛牵我去

散步。

——张文亮《牵一只蜗牛去散步》

　　前一段时间到一所高校进行高危案例的督导，一个老师汇报了一个一遇到困难就想自杀的男孩的案例。小路，26岁男生，博士二年级在读，学习工作都非常努力，成绩非常优秀，导师很喜欢他。他已经在学校心理咨询室做了一个学期的治疗，但是情况并没有明显好转。小路对于导师交代的事情，这个男孩特别担心自己完成不好，每接到一个任务，他就很紧张，担心自己不能胜任，担心做不出导师满意的结果，他说自己都是硬着头皮去完成的，他觉得活着特别累，遇到难题时就想结束生命，但他又没有勇气自杀。小路的父亲脾气不太好，对小路的期望很高，很少肯定小路的成绩，但小路如果表现不好，父亲就会气急败坏地对小路说："就你这样，能有什么出息？作为一个男人，就学习这点事都做不好，你有什么颜面活在这个世界上？"有一次小路考试时发烧了，昏昏沉沉连看懂题目都费劲，结果考了个不及格。父亲暴跳如雷，把小路的头按在水里，面目狰狞地咆哮着："你咋不去死呢？"提起父亲，小路显得战战兢兢。小路的母亲是个特别能干的女人，她靠自己的努力从一名乡镇教师跳到北京的一所小学做老师，后来又考取了硕士，她总是很忙，很少有时间陪伴小路，每次回到家，妈妈总是告诉小路，自己在以身作则，希望小路能够明白这个世界是艰辛的，只有足够的努力才能到达更高的风景。于是，小路不敢懈怠，他觉得自己真的不够聪明，但在父亲的高压和母亲的榜样作用下，他每天都在拼命努力，用他自己的话说就是："我的成绩是我付出比周围同学多十倍的努力得来的。"由于没有更好的方法排解压力，小路焦虑时就大量进食，再加上没有时间运动，小路非常胖，这让他在同学中很难抬起头。人际关系的困难对小路已经被父亲摧残得差不多的自尊来说无异于雪上加霜。所以不管小路取得多好的成绩，他都始终非常自卑。小路的咨询师很着急，她做了很多肯定支持的工作，可似乎效果都不理想，她特别想知道有没有什么办法可以让这个男孩看到自己的优秀，从而摆脱自卑。

其实小路的痛苦不在于他是否相信自己能够优秀，而是他不得不站在优秀的位置上，他从未看见过他自己，他所有的努力都只是在满足父母的期待。为什么他的咨询师给了他很多关怀和鼓励却无法让他放松下来，因为咨询师无意中认同了小路的父母，希望小路能够保持在优秀的位置上。而对于小路来说，他需要的救赎只是能够知道这个世界其实是允许他平庸的。我对小路的咨询师说，你可以尝试着告诉小路："我知道对于觉得自己天资不高的你来说，这么多年了被逼着往上走是多么辛苦的事情。你真的觉得自己已经筋疲力尽了，你每天都被失败的担心所困扰，似乎只有逃进死亡才能获得暂时的安宁。"后来小路的咨询师告诉我，当她和小路这么说以后，小路一下子嚎啕大哭起来，他觉得咨询师真正地理解到了他的痛苦，并且接纳他关于自己天资不高的判断，于是当他再遇到难题的时候，死亡不再是他唯一的去处，他还拥有接纳真实自己的心理咨询师。

我们不得不承认现代社会的竞争是激烈的，父母们对于孩子能否成才的焦虑是可以理解的，重视孩子的教育和培养，适当地让孩子担负实现自己未来的努力可以帮助孩子更好地发展。但是假如父母把所有的焦虑都转嫁到孩子身上，让孩子承载起父母的人生梦想，对孩子抱以永无止境的期望，有时甚至是超过孩子能力的期待，这样的父母期待就很容易成为孩子的噩梦，如果父母在控制情绪方面还存在问题，那孩子在应对压力情境时很可能就会走极端。前一段时间新闻报告了一个刚进入律师事务所的女孩自杀的事件，这个女孩也是从小在父母的各种安排下上辅导班、请家教等的积极帮助下，考上了名牌大学，然后在父母的安排下进了一家知名的律师事务所，可女孩深知自己的能力有限，她只想找一个普通的工作，过轻松的生活，可是父母从不允许她认为自己资质不够。刚进律所，领导交代女孩查一个海关案件的背景资料，对于律师来说，这本来是一件很简单的事情，可女孩英语能力不行，大学学的法律知识也是死记硬背的，根本无法在实际中应用。女孩知道自己无法胜任这份工作，但父母不允许她后退，最后，女孩选择了跳楼，临死前给父母留了一封信，大意就是其实自己一直就是个平庸的甚至是有点愚钝的人，父母连拉带拽把她带到了一个不属于自己的位置，她累了，再也没有能力为父母继续优秀下去了，唯有死才能让自己休息。父母追悔莫及，可是已经没有可是了。

　　没有对孩子不抱期待的父母，但有时我们确实要考虑孩子的能力。是的，网上有很多励志的故事，有很多在虎妈狼爸管教下孩子出人头地的传奇，但那些终究只是一些个案。鼓励孩子让他去实现自己的人生远远比不停地给孩子设立目标、督促搀扶着孩子往前走有利于孩子的未来发展，因为父母无法跟随孩子一辈子，只有通过鼓励、肯定建立孩子内在的自信，才能让孩子有力量应对压力。在告诉孩子为什么要努力的方法上，我特别喜欢龙应台的一段话："孩子，我要求你读书用功，不是因为我要你跟别人比成绩，而是因为，我希望你将来会拥有选择的权利，选择有意义、有时间的工作，而不是被迫谋生。当你的工作在你心中有意义，你就有成就感。当你的工作给你时间，不剥夺你的生活，你就有尊严。成就感和尊严，给你快乐。"

　　父母适度的期待是孩子前进的动力，但物极必反，过高的期待就可能成为孩子的监牢。所以，作为父母，我们要经常提醒自己，要允许我们的孩子失败，要对孩子形成合理的期待，不要让我们的期待成为压死孩子的稻草。假如我们的孩子真的天分不高，与其逼着孩子优秀，不如帮助孩子接纳他的平凡，其实让孩子能够有一个积极的心态远远比孩子的成就来得重要。

（郑晓星）

不该消失的生命

——谈青少年生命教育

> 那片笑声让我想起我的那些花儿/在我生命每个角落静静为我开着/曾以为我会永远守在他身旁/今天我们已经离去在人海茫茫
>
> 她们已经被风吹走散落在天涯/有些故事还没讲完那就算了吧/那些心情在岁月中已经难辨真假/如今这里荒草丛生没有了鲜花
>
> ——朴树《那些花儿》

2017 年 12 月 23 日，平安夜的前夕，湖南湘潭一所中学 17 岁的少年小凯，在学校超市碰见班主任，班主任发现他口袋里和书包里藏着香烟，随即没收并训斥了他一番，出了超市还踢了小凯一脚，打了一下他的肩膀。小凯认为班主任的行为侮辱了他，当天晚上就跳楼自杀了。就在这个事件发生的一个多月前，2017 年 11 月 12 日，湖南沅江三中的一个 16 岁的少年罗军，因为作业问题和班主任老师起了争执，用弹簧刀刺了老师 26 刀，致使老师当场死亡，然后自己想跳楼自杀时被同学拦下。随便在哪个搜索引擎输入青少年自杀或杀人，都会跳出一堆的新闻，平谷一15岁少年因打牌被老师批评跳楼自杀、北大学生涉嫌杀害亲生母亲被警方通缉等。这样的新闻让人心痛，一条条鲜活的生命就这样消失了，在其背后还有一个个家庭无尽的悲痛。在这里我并不想评论这些事件的孰是孰非，我只是很困惑，现在的青少年怎么了？对于生命他们毫无敬畏之心。生命之于他们，已然成了一个处理情绪的工具。

美国的调查显示，与20世纪80年代相比，青少年自杀的比率已增至3倍，每90分钟就有1名青少年自杀，而且研究者声称，这个比率实际上可能低估了自杀的真实数字，因为父母和医护人员往往不愿意将死亡报告为自杀，而更愿意将其当作一次事故。即便如此，自杀在导致15~24岁个体死亡的原因上也是排名第三。中国没有确切的统计数据，但从高校心理咨询室反馈的信息看，每年北京高校自杀的学生都没有明显减少，尽管学校投入了大量的人力、物力加强学生工作，青少年的自杀问题仍不容乐观。同样有研究表明，近年青少年参与或实施谋杀的比率也在增高。

尽管我们承认现在青少年承受的压力增加了，家庭关系不良、学业困难等诸多因素都导致这些青少年陷入了生命的僵局，但用抛弃生命的极端方式来解决痛苦真的是对自己人生的亵渎。所谓人生，就是人从出生至死亡所经历的过程，在这当中我们必将经历波折坎坷，经历喜怒哀乐，悲欢离合。认为人生太过艰难或者缺少意义就要抛弃生命，是基于一个错误的假设——人生必须是快乐轻松的，必须是能够征服的，达不到的时候我们就觉得这不是人生，是不能够容忍的。而我们恰恰忘记了，生命其实只是一个流动的过程，我们生而为人其实只是尽可能多地体验自己的各种存在，从这个层面说，成功或者失败，悲伤或者快乐，轻松或者艰难，并没有什么区别，只是我们从生活中获得的一种人生体验而已。所以，很多时候，我们应该放下对生命的期待，活着就为了活着，淡然、泰然地接受生命加诸我们的所有苦乐年华，真实感受自己的存在。当我们冲动地结束一个生命时，我们自以为是地认为解决了人生的难题，可如果我们知道生命是一条不归路，我们将永远没有机会再去感受和经历时，或许我们也会后悔我们的冲动让我们错过了人生。

从整个生命系统来看，生命其实并不属于我们个体，每一个生命还承载着一个家族的血脉。所谓"身体发肤，受之父母"，我们是不能随意处置的。还记得电影《哪吒》里哪吒剔骨割肉还给父亲的那一幕，为救全城百姓，哪吒被父亲李靖逼着自杀，在他自杀之前，他把受之于父母的身体发肤都还给了父亲，然后他才有权利剥夺自己的生命。现在我们强调个性解放，我们习惯于"英雄不问出处"，我们骄傲地宣称自己不属于任何一个人。当我们轻易地结束一个生命时，不管是我们自己的还是他人的，我们以为我们只是和一个生命发生关系，而没有想到在这一个生命背后还站着多少对他寄以殷切期望的生命。你轻松的一跳或者率性的一刀，结束的并不是一个生命的历程，而是一个家族的血脉传承。按照海灵格的家族排序的说法，任何一个家族中非正常结束的生命都会在这个家族中某个活着的成员身上呈现出来，哀伤和问题将会始终困扰着这个家庭系统。从这个意义上讲，我们说要对生命有敬畏之心，并不仅仅指对某一个个体生命的敬畏，还强调对整个生命系统的敬畏。

很多青少年自杀时还有着一个潜在的幻想，就是自己的死亡或许能够让身边的人注意到自己的问题或者让那些加诸自己不公平对待的个体能够忏悔自己的过错或者能够改变一个局面。很多时候，青少年时期特有的"自我经历独特性"的想法让青少年以为自己的"悲惨遭遇无人能比，也无人可以理解"，似乎只有通过死亡才能得到他人足够的重视。但很多时候，我们幻想着自己的死亡"重如泰山"，事实上却"轻如鸿毛"。我曾经去一所高校处理一个危机事件，一个学生跳楼了，高校中容易出现连锁自杀效应，所以学校学生处的领导很担心其他学生的情绪，让我给各个宿舍的心理委员做一场生命教育的讲座。我下意识地觉得这天学校应该笼罩在愁云惨雾中，同学们都会因为自己校友的自杀而心有戚戚然。可是当我走在校园里，我看到行走在路上的同学该笑的笑，该玩的玩，该学习的学习，恋人们该约会的约会，该亲热的亲热，我真切地意识到那个刚刚消失的生命对于这个世界真得无足轻重。那个孩子以为当他失败时全世界都会嘲笑他，他觉得不能忍受自己成为别人眼中的失败者，所以他逃进了死亡里。我不知道，如果他知道其实根本没有那么多人在意他的人生，他是不是后悔自己再也没有机会感受这个世界了。

生命对于每个个体来说都只有一次，在时间的长河里，每一个个体的生命其实都只是昙花一现，在你芬芳的时候并没有太多人为你喝彩，在你枯萎时也没有太多人为你流泪，你只是完成了自己的生命过程而已。如果我们觉得生命难以承受，那一定是我们给了生命太多的预设，我们觉得好的人生就应该是热闹喧腾的，所以在孤寂悲凉的时候我们才会那么坚定地以为我们的人生错了，是不应该存在的。我们对生命寄予了太多的期待，所以我们才会经常觉得沮丧和失望。如果我们能够明白，其实生命只是一个"向死而生"的过程，我们只是一个过客，我们带不走任何东西，我们也不向生命索取任何东西，我们只是努力感受当下而已，那么或许我们就能从容地应对生命中的任何不确定，而能够始终和我们的生命在一起，并为了自己的生命尊重他人的生命，"不抛弃，不放弃"，只为能看到更多的风景。

（郑晓星）

婚恋情感篇

花开无声的寂寞

——谈青春期暗恋

> 我爱你，与你无关/渴望藏不住眼光/于是我躲开/
> 不要你看见我心慌/我爱你，与你无关/真的啊/它只属
> 于我的心/只要你能幸福/我的悲伤/你不需要管
>
> ——歌德《我爱你，与你无关》

前几天看了茨威格的小说《一个陌生女人的来信》，讲述了陌生女人始于青春期的带着苦涩与甜蜜的暗恋故事。陌生女人很小的时候父亲就去世了，她和母亲住在一个贫民区。在她 12 岁时，一个属于中产阶级的风度翩翩的中年男作家搬进了她家对面的房子居住。女孩疯狂地爱上了这位男作家，她怯生生地偷偷关注着他的一举一动。可是男作家是个风流的男子，在他身边变换着无数的风姿绰约的女人，他丝毫没有注意到这个刚进入青春期的黄毛小丫头。陌生女人后来随着她的继父和母亲到另一个城市生活，尽管继父给她提供了优越的物质生活条件和足够的爱，但她一点儿也不开心，因为她始终沉浸在对那个男人的无尽思念中。她唯一的乐趣就是读男作家写的书，她收集了所有他旧的、新的书，每一本书的内容她都

能信手拈来。

在她18岁时，她毅然决然地离开了继父的家，单身一人回到了她曾经居住过的贫民区，只因为她暗恋的对象还住在那。她天天守在男人的窗户底下看着灯亮灯灭，终于有一天，18岁的明媚鲜艳的少女引起了男人的注意。风流的男子邀请她共赴晚餐，她欣然应约，并激动地和他共度良宵。遗憾的是，男作家没能记住她，她只是他众多仰慕者之一。陌生女人怀上了男作家的孩子，她知道男作家是一个风一样的男子，喜欢自由，不喜欢被责任束缚，于是她一个人生下了男人的儿子，为了不让爱人的儿子过着贫穷的生活，她委身于多个有钱的男人。她是个漂亮的女人，很多男人喜欢她，愿意娶她并照顾她的儿子。可她为了保留自由的身份等待着她从青春期开始就爱恋的男人的召唤，拒绝了和任何一个男人结婚。每年男作家生日那天，她会差人送去一束白玫瑰。

后来她在一次舞会上遇到了男作家，就在他生日那天，并再一次接受邀请，去了他的房间。可是，这个她用生命去爱恋的男人还是没能认出她，并随意地把她送给他的白玫瑰转赠给了她。尽管她觉得绝望，可她依然无法放弃对他的爱恋。直到她8岁的儿子发烧死了，她自己也高烧濒临死亡，她才在生命的最后一刻给男作家写了一封信，告诉了他曾经发生的一切。只可惜，当这个男作家看到这封信时，还是没有想起她，只是依稀记得似乎有那么一个女孩。

一个非常沉重的故事，道尽了暗恋的心酸。"山有木兮木有枝，心悦君兮君不知""风陵渡口初相遇，一见杨过误终身"。当然了，文学作品有夸张的成分，现实生活中也很少会有像陌生女人一样为了一个暗恋的对象把自己的一生卑微到尘土里的人。但我们不得不承认，暗恋是很多人在青春期都曾经经历过的事情，尤其是女孩，因为在传统的婚恋观念中，还是强调女性的矜持。男孩比较主动，很多人会选择表白，就像法国的总统马克龙，15岁的青春少年爱上大他24岁的高中女老师布莉吉特，并克服众多阻挠，创造了老妻少夫的世纪童话。

每一个年龄段都有可能邂逅一场暗恋，但研究发现，青春期尤其是初中阶段发生暗恋的概率是最高的。因为刚刚进入青春期的孩子，对性有了朦胧的认知，对异性有了模糊的渴望，知道了我和你有不一样的地方，就会好奇地留意探究，在这个过程中，发现对方具备的某些特质是自己所喜欢、欣赏的，产生对对方的好感就是很自然的事情。但在孩子成长的过程中，他们所接受的教育多是学生的任务就是学习，不能谈恋爱，在这里，谈恋爱经常被误解为对某个异性产生好感，于是在渴望和不被允许之间，这种自然发生的对异性的好感就被压抑下来，放在自己心里反复咀嚼发酵，酿成了入口苦涩、回味有甘的暗恋之酒。从这个层面来讲，消除暗恋负面影响很重要的一点就是要区分恋爱和喜欢的不同，喜欢一个人是很正常的，在这一点上异性和同性是没有区别的。青少年同性朋友的交往并不恒定，刚开始因为对方身上有吸引自己的特点建立关系，可随着交往的深入，对对方认识更为全面之后，就会有一个更切实际的评估，对方是否是适合自己长期交往的朋友。其实与异性交往也是一样的，初始的喜欢如果不进入现实检验，只是反复放在心里去幻想，那就很容易把一切美好的事情都放置在自己的幻想对象身上，从而导致自己深陷暗恋不可自拔。因此，鼓励男女生之间的正常交往对于减少暗恋现象的产生是有好处的。

刚才我们提到青春期暗恋经常始于对方身上的某一个特质吸引了自己，这就是说，青春期的暗恋很多时候并不是真正爱上了谁，而是爱上了自己心中的一个幻想。如果一个女孩，她从小缺少关爱，那她就很容易对那些说爱她的男性产生好感；如果一个男孩，一直很渴望有人照顾自己，那他就容易依恋那些善于照顾别人的女性；如果一个女孩渴望父爱或者一个男孩渴望母爱，那他们就容易爱上年长的异性。每个人内心渴望的东西都是不一样的，在青春期渴望与异性联接时，下意识就会选择一个对象来满足自己内在幻想的那个理想对象，而内心有缺失的孩子往往是自卑的，羞于表达情感、害怕被拒绝的，这种情况下内心的情感如果没有得到很好的引导，就很容易发展成暗恋。就像我们之前提到的《一个陌生女人的来信》中的女孩，因为缺少父爱以及对自己贫民区身份的自卑和对上流社会的仰慕，使得她如飞蛾扑火一般投入一场悲剧的暗恋中。在这一点上，提醒广大家长，在养育孩子的过程中，给予孩子足够的关爱对于减少青春期暗恋的产生是一个未雨绸缪的举措。

有人提出青春期的暗恋其实是一场婴儿式的爱情。婴儿的世界是以自我为中心的，它需要有一个外在的爱的客体来确认自己是可爱的，也需要掌控一个外在客体来求证自己的力量感。因此，暗恋是不需要让对方参与的，只需要从对方身上获得自己需要的情感，通过揣摩对方的言行举止来满足自己内在对于自我爱的需要，从这个层面来讲，这是一种自恋的外化。席慕蓉曾经说过："青春期的爱恋，不是因为爱上了谁，只是爱上了恋爱的感觉。"说白了，这种暗恋就是自编自导了一场让自己忧伤让自己感动的独角戏，个中的酸甜苦辣只有自己能够体会。

青春期的暗恋是一个常见现象，作为家长和老师不必视之为洪水猛兽，对异性产生好感是正常的情感流向，不能堵只能疏通，所以要告诉孩子喜欢上一个异性是很正常的事情，可以勇敢地去和她/他交往，要记住"以友谊的方式去爱恋一个人"。而最重要的是，我们要让孩子学会爱自己，从完善自己的角度来确认自己的价值，而不是通过虚幻的外在客体爱来填补自己内在自尊的需要。对于青春期孩子来说，不要因为自己喜欢上了某个异性就觉得自己犯了错误，喜欢一个人是一件很美好的事情，也是值得尊重的情感，说明你具有爱人的能力。但要明白的是，这种喜欢是片面的，你能够得到多理想的恋爱的对象，取决于你自己可以达到怎样的高度，所以不要用暗恋折磨自己，而是要努力完善自己，勇敢地和对方交往，努力向对方展示自己的个人魅力，同时考察对方是否真的能够成为自己的灵魂伴侣。

最后，还要提及的一点是，如何对待暗恋自己的对方。很多孩子很苦恼，问我被人暗恋怎么办？如何拒绝才能不伤害对方？经常我会告诉他们，不要着急想着如何去拒绝，暗恋是对方的事，你静静地继续做好你自己就好了，不要给予对方暧昧的表示，也不要羞辱对方对你的好感，更不要拿着对方的情感去炫耀你的魅力。如果对方向你表白了，而你不想接受，你就要尊重并且感谢对方给予你的欣赏和爱慕，然后明确地表明你的态度，与对方建立恰当的同学关系；如果对对方也有好感，那就要明确情感的流向，把对彼此的喜欢作为互相促进的动力，只有两个人都站到了一定的高度，才能收获真正的爱情。

总而言之，暗恋是青春期的常见现象，当它来临时，不必害怕，不必拒绝，也不必着急表白。接纳它的存在，努力提升自己，等待在一个更好的地方收获属于自己的情感。

（郑晓星）

受虐者的荒诞救赎

——谈家庭暴力对青少年婚恋关系的影响

> 你要搞清楚自己人生的剧本——不是你父母的续集，不是你子女的前传，更不是你朋友的外篇。对待生命你不妨大胆冒险一点，因为好歹你要失去它。如果这世界上真有奇迹，那只是努力的另一个名字。生命中最难的阶段，不是没有人懂你，而是你不懂你自己。
>
> ——尼采

小文的父亲长期酗酒，自打她记事以来，父亲总是动不动就因一点小事暴跳如雷，并对母亲拳脚相加。小文很害怕父亲，因为他不但会打骂母亲，平时一回到家还会无缘无故地指责小文。母亲为了避免小文被父亲打，就会让小文躲在衣柜里。于是小文经常在父亲酒后发怒的时候都瑟瑟发抖地躲在衣柜里看母亲被打。小文虽然很心疼母亲的遭遇，但有时不可控制地对母亲会有一种怨恨，她痛恨母亲的软弱无能，不知道反抗，也不知道通过法律的途径保护她们母女俩。因为对自己的家庭觉得羞耻，小文在学校一直沉默寡言，性格内向，不爱与人交往。后来上了高中，小文交了一个男朋友，起初男朋友对她不错，但是男朋友的脾气逐渐变得暴躁起来，最后甚至一不高兴就对她动手开打，小文也无力反抗，最后和她的母亲一样，不得不常年忍受着另一个男人的暴力虐待。

电影《记忆大师》中，主人公因为一次错误的记忆交换，走进了一个长年目睹家庭暴力的孩子的内心，以他的视角体验了作为家庭暴力的受害者内心的无助和痛苦。电影里有一个情节是当警察最终找到了这个孩子的母亲，并希望她能跟他一同离开，到社会上寻求帮助的时候，满身伤痕、楚楚可怜的母亲突然变得很抵触，强硬地拒绝了警察的帮助，并告诉警察，逃走这个想法让她觉得很恶心。看到这里，观众不禁会疑惑，为什么当长期遭受家庭暴力的受害者在能够被救助的时候，不但没有想脱离这种处境的渴望，反而还会把前来帮助她的人拒之门外呢？这真是让人百思不得其解。

其实这种现象在长期遭受家暴的受害者身上并不少见。可以看到的是，很多家庭暴力的受害者一次又一次地原谅了曾经让他们在拳头下痛不欲生的配偶或同居者。每次在施暴之后，只要施暴者一认错，受害人就会心软然后继续留在施暴者身边一次又一次地忍受他的暴力。英国精神分析学派的心理学家皮特·冯纳吉认为，有些边缘性人格的患者，由于幼年遭受了长期的打骂或者性虐待，在今后的人际交往中，也会主动寻找有暴力倾向的人，在与他们一起生活的过程中，会不断重演他们幼年被家暴的场景。

那么究竟是什么原因使得受害人如此逆来顺受地不敢声张也不敢反抗，甚至不能通过合法的途径保护自己今后不再受到伤害呢？难道真的是一个愿打一个愿挨吗？原因是非常复杂的。

首先是为了摆脱自己弱者的身份。从小就遭受或是目睹家庭暴力的人，因为幼年没有保护自己和其他亲人免受暴力伤害的能力，在长大后每每回想起来，都会感觉自己当时是一个弱者。他们痛恨自己作为弱者的身份，所以为了证明自己并不是那么柔弱，就会多次忍受施暴者的暴行，来向自己证明，我其实并不懦弱，我完全有抵抗暴力的能力。同时他们又不想与施暴者有所认同，所以他们不是通过暴力来对抗暴力，而是通过忍受暴力来对抗暴力。因为他们对暴力行为厌恶至深，甚至还会对同样可以制服暴力的机构，如公安部门有着负面的偏见，心里会认定他们是同类，所以他们并不喜欢用以暴制暴的方式来摆脱当前的困境，也就使得施暴者对他们更加肆无忌惮地打骂。甚至有些边缘性人格的人会在被虐待的过程中体验到自己是强大的，所以他会故意一次又一次地激怒身边的人，挑起斗争，来满足这种在忍受暴力的过程中产生的自我强大感。于是他们有可能言语过激，行为时常具有鲜明的挑衅意味，以此来激怒对方对自己施暴。

其次是为了摆脱内疚感。因为在幼年时期，当孩子亲眼看见自己的一方家长遭受另一方的打骂而没有能力进行制止的时候，无助的旁观者也会因为自己当年的袖手旁观而有深深的愧疚感和自责感。他们会觉得因为自己当时没有及时制止这种行为，而让自己爱的人承受暴力的残害，所以内心会不断地有"我是胆小鬼，我是个懦夫"的想法。为了消除这种内疚感，他们会站在受虐者的角度重新体验家庭暴力所带来的伤害。在他们看来，这等于是帮助当年的受害者重新分担了痛苦，这样也就能够减轻他们心中深深的罪恶感，也就不会对自己当年的袖手旁观有着负面的看法，不会觉得自己是个胆小鬼，是个懦夫了。有时候为了在暴力虐待中减轻对自己的消极评价，就算边缘性人格的人找了一个起初并没有暴力倾向的伴侣，也会故意做出激怒伴侣的言行，让他们大发雷霆，甚至使矛盾升级到剑拔弩张需要舞枪弄棒的地步，这样他们就又可以在一次又一次的暴力中减轻自己当年因为无能而没有及时解救受虐者的自责感。还有些边缘性人格的人则会对身边的人过分地友好，让别人把他当丫鬟、当奴隶使唤，这样他们还可以通过忍受精神暴力来体验自己是善良无辜的，所以对于他们过去没有能力帮助至亲脱离危机而产生的自我否定的心态来说，这反而是一种解脱。他们会认为，正是我的善良，而不是我的软弱才没有及时制止暴力，所以我其实并没有我之前想象得那么不堪，我是个好人，也就没有必要再继续承受自责了。

最后，选择一个施虐对象作为亲密伴侣，还有一部分是源自受虐个体的拯救幻想。目睹父母存在婚姻暴力的青少年常有一个潜在的幻想，即如果是我处在当时受害者的位置上，我是具有能力将那个施虐者改造好的。就像上述案例中的小文，她会认为母亲也是存在过错的，她会幻想自己比母亲具备更为强大的能力能够改造好父亲或者将自己从施虐处境中解救出来。于是在她选择婚姻伴侣时，她就下意识地选择一个具有施虐倾向的男人，来实现自己的拯救幻想。但很可悲的是，幻想终究是幻想，最后终究还是让自己重复了父母悲剧的婚姻模式。

所以最终的结果就导致了之前遭受过家庭暴力的人会不断地忍受一次又一次的暴力。即便是将来有机会离开施虐者另组家庭，他们也还是会陷入家暴的漩涡之中，永远无法真正摆脱家暴的阴影。所以作为旁观者的我们，在发现你的邻居或者亲朋好友有小孩子自身或家人被家暴的倾向，一定要早发现、早干预，必要的时候将孩子送去做心理辅导，并送入寄养家庭。否则，家庭暴力对孩子的影响将伴随终身。

在电影《记忆大师》里，常年不得不目睹母亲被父亲家暴的那个孩子，因为没有能力对抗父亲，陷入了痛苦的自责中。但是又为了免受心理伤害，最终选择了谋杀自己的母亲来减轻痛苦。在长大之后，他又变成了杀害其他家暴受害者的凶手，从此走上了犯罪道路。的确，家庭暴力会给孩子的心灵造成不可磨灭的创伤，他给孩子带来的负面影响是不可评估的，很有可能就此毁了一个孩子的一生。当局者迷，旁观者清，每当我们发现身边的人有家暴的现象，一定要及时出面制止，让我们对这些孩子伸出援助之手，让他们免受家庭暴力的摧残，拥有一个快乐的童年和健全的人生。

（任抒扬）

命犯桃花的男孩

——谈青少年恋爱选择

二十几岁的爱情是幻想，三十几岁的爱情是轻佻，人到了四十岁时才明白，原来真正的爱情是柏拉图式的爱情。爱情难以遮掩，它秘藏心头，却容易在眼睛里泄漏。只凭感情冲动所造成的爱，有如建筑在泥沙上面的塔，它总不免要倒塌下来。男子爱慕一个女子是爱她现在的样子，女子爱慕一个男子是着眼于他未来的前途。

——歌德

小树，人如其名，长得玉树临风，是个不折不扣的翩翩少年。而且他的性格还很温和，很会照顾人，所以他从上幼儿园开始就很受女生欢迎，小女孩都愿意和他玩。上了初中，进入青春期的男孩女孩情窦初开，小树开始频繁地收到情书。小树从来都不拒绝，他和所有爱慕他的女生都保持着友好的关系，欣然赴每个女生的约会，同时小树也恪守着谦谦君子的风度，他从不做侵犯女生的事情，也从来没有向哪个女生表白或承诺过什么，他始终如一股和煦的春风，温暖着每个喜欢他的女生的心，可是又飘忽不定地让每个喜欢他的女生都黯然神伤。台湾歌星孟庭苇曾经唱过一首歌："你究竟有几个好妹妹，为何每个妹妹都那么憔悴"，这或许就是小树众多追求者的感伤。小树烦吗？他也烦，要安抚好这么多女生的情绪，他觉得也很累，可是他就是无法狠心说出拒绝的话。

可想而知，小树和众多女生保持着暧昧关系必然会让很多男生嫉妒，进而排挤他，所以小树在学校也没有几个同性朋友。小树本来有一个从小玩到大的铁哥们，可是在他们初三那一年，他铁哥们的女友喜欢上了小树，小树认为自己没有刻意追求哥们的女友，可他的哥们就认为小树在他女友生日时送礼物，逢年过节送祝福，生病时无微不至地照顾等，这些就是一种勾引，于是两个小男人大打出手，从小到大的友谊也就这样打没了。最近发生了一件很严重的事情，让小树不得不转学了。新学年开始，小树上高一了，隔壁班的班花喜欢上了小树，小树觉得这次也有点动心了，就很开心地和这个女生交往。没想到，这个女孩的前男友是一个社会小混混，他知道女孩喜欢上小树后，就带了几个小弟把小树堵在上学的路上，警告小树让他离女孩远点。可小树并没有听，他也不是个轻易服软的人，继续和女孩约会。几天后，女孩的前男友再一次把小树堵在了放学的路上，小树被打得趴在了地上，情急之中，小树从地上捡起了一块砖头，狠狠砸在了对方头上，那个男孩当场血流如注，晕倒在地，后来送到医院缝了十几针，还有轻微脑震荡，住了一个月医院。小树也因为打架被派出所拘留了好几天。

这事传开后，小树的很多爱慕者看出自己终究没法得到小树的心，都觉得心灰意冷，渐渐疏远了小树。男生就更不用说了，幸灾乐祸。承受不住大家在背后的冷嘲热讽，小树选择了转学。由于这些事情分散了小树很多的精力，他的学习成绩下降了很多，高考勉强考上了一所普通一本院校。小树的心情就始终不好，很多年了，觉得生活都是灰暗的，没什么意思。对父母也越来越疏远，大学毕业后也没找到好工作，女朋友倒是又谈了几个，可都坚持不了几个月，小树就躲起来不见对方了。为此父母觉得很着急，托人找了我，让我给小树做心理治疗。

我的朋友和我叙述小树的经历时，不时地感慨道："我算是看出来了，小树就是命犯桃花。我是从小看着这孩子长大的，要没这些事，这孩子不至于成了现在这样。"我也很感慨，青少年的青涩的情感，如果处理不好竟然对个体的成长会有着如此严重的影响。早些年，家长们普遍认为孩子在初中、高中谈恋爱属于早恋，是件很危险的事情，会严重干扰学习，家长们都会慎重地叮嘱自己刚上初中的孩子：不许早恋。家长们也会非常敏锐地捕捉孩子有无早恋的蛛丝马迹，一旦发现有异常的风吹草动，爸爸妈妈就如临大敌，想尽一切办法挽救孩子于"堕落"的边缘。现在，随着对青少年心理发展知识的普及以及对于青少年独立性的尊重，家长们开始能够和孩子就青春期恋爱的事情进行比较客观的对话，大部分家长还是允许孩子在青少年时期对异性产生好感，甚至是建立相对亲密的关系，当然，家长们还是强调孩子不要为此耽误学习。

应该说，现在大部分家长老师已经达成了一个共识：青春期孩子对异性萌生好感并进一步有了约会、建立亲密关系的想法是一个非常正常的心理发展。其实已经有众多研究表明，约会是青少年学习建立亲密关系的途径，它可以提供愉悦感，也可以提高青少年在同伴中的声望地位，甚至有助于发展青少年的同一性。而事实也确实如此，在这个孩子非常容易通过各种信息渠道了解到成人世界的情感生活的年代，家长老师们还掩耳盗铃地要求孩子必须保持单纯的思想，不对恋爱心存妄想，这对于极力想要进入成人世界的青少年来说，确实很难尊奉这样的保守要求。但是，我们不反对孩子谈恋爱，并不意味着家长老师要放弃对于孩子在恋爱这件事上的指导权和建议权。因为青春期的孩子在情感走向和人格发展上并未完全稳定，有时在情感上遭遇挫折和困难时，还需要来自家长的支持。甚至有时候当青少年过分沉溺于情感而忽略了其他方面发展时，更需要家长给出提醒。

回到小树的案例，由于小树对于恋爱选择的随意性，他从未意识到约会、亲密关系是应该具有相对的专一性，所以他不但伤害了别人，也给自己带来了无尽的麻烦。为什么小树无法在亲密关系中作出选择并且进行拒绝呢？回顾小树的成长史，父亲常年不在家，在小树小时候父亲是一个成功的商人，但同时在外面也和很多女性保持着婚外性关系，他的母亲是一个柔弱的女性，只能在小树面前抱怨父亲的不专情。后来父亲染上了毒瘾，钱都用来买毒品了，生意也做不成了，他的那些红粉知己都纷纷离开了他，母亲也和父亲离婚了。小树一方面恨父亲、同情母亲，另一方面他也下意识地觉得有女性青睐是一个男人成功的标志。所以他有对女性的怜惜和保护，这是对于柔弱母亲的爱，同时他的不拒绝也是下意识地通过众多女性的爱慕来满足自己对于男性尊严的幻想。

小树带给我的思考是，或许很多时候青少年在选择恋爱时并不仅仅是被一个志同道合的伴侣吸引，而是恋爱满足了自己内在的某种情感需求。比如，一个从小缺少关爱的女孩，进入青春期就很容易和对她说"爱"、给予她关怀的人谈恋爱，尽管对方有可能是个"小混混"，因为他们擅长哄骗女生；有着恋母情结的男生和恋父情结的女生就倾向于喜欢上自己的老师；一个内在自尊水平很低的青少年就可能选择一个和自己在各个方面不匹配的个体谈恋爱；等等。像这样的恋爱，对于青少年的成长并没有促进作用，反而很容易让青少年在恋爱中受伤。

"哪个少年不钟情，哪个少女不怀春"，在最好的青春年华产生对亲密关系的渴望这是很正常的一种情感，但在恋爱选择上，青少年朋友一定要慎重，要本着对自己负责、对对方负责的态度，不要让自己为情所困，也别让对方为情所伤，要让情感成为促进双方成长的动力，而不是成为一时贪欢、无尽悔恨的轻率行为。

（郑晓星）

越减越肥的煎熬

——受困青春期乱伦焦虑的绝望挣扎

> 阴影是邪恶的存在，与我们人类是积极的存在相仿。我们愈是努力成为善良、优秀而完美的人，阴影就愈加明显地表现出阴暗、邪恶、破坏性十足的意志。当人试图超越自身的容量变得完美，阴影就下了地狱变成魔鬼。因为在这个自然界里，人打算变得高于自己，与大蒜变得低于自己一样，是罪孽深重的事。
>
> ——卡尔·荣格

　　小王，一个 25 岁的男孩，因为减肥失败来寻求心理治疗。坐在我面前的这个稚气未脱的男孩像个庞然大物，他身高将近 180cm，体重接近 280 斤，其实他的五官很漂亮，如果他只有 130 斤，我相信他会成为女性"杀手"，但由于肥胖，他显得臃肿笨重，因此一点点性的吸引力都没有。小王告诉我他从上初一开始就莫名其妙地变胖了，然后就一路胖下去，期间减肥过很多次，节食加增加运动量，对于他来说少吃点、运动出一身汗并不是很痛苦的事情，可不知道为什么，每次当体重有所下降，就觉得心里长草似得，就觉得自己应该休息一下，应该吃点好的。于是体重反弹，甚至比减肥之前还胖，周而复始，十几年的时间下来，就收获了这一身的肥肉。为此，经常觉得沮丧绝望，有时就会暴怒，尤其是和妈妈在一起时经常会和妈妈起冲突。

小王的父母在小王很小的时候就离婚了，妈妈是个坚强、独立、漂亮的女性，她坚持一个人抚养小王，从小到大，小王一直和妈妈睡在一张床上，直到现在，小王还习惯妈妈抚摸着他的后背入睡。在妈妈眼里，小王始终是那个没有长大的孩子，她也始终和小王保持着亲密无间的关系，包括当着小王的面换衣服、搂抱亲吻小王。初一的时候，小王有一天早晨突然发现自己阴茎勃起了，他很紧张，害怕被妈妈看见，赶紧趴着睡。此后和妈妈一起睡觉时一到清晨就很紧张，他要避免妈妈看到他的晨勃现象。后来有一天他发现自己醒来遗精了，他更紧张了。他曾经说过希望能有自己的一个房间，但妈妈说，这辈子他俩都是最亲密的两个人，妈妈希望能永远守在儿子身边。他无法拒绝妈妈的温柔，于是他每天清晨都特别警觉，要在晨勃发生之前转身或趴着，背着妈妈他偶尔也会自慰。他觉得妈妈可能知道，但他俩都默契地守着这个秘密，从不提起。从那以后小王就开始变胖，胖嘟嘟的，大家都说他还像个可爱的小男孩，小男孩这个称谓让他很放松，似乎也给了他理由让他可以继续和妈妈在一张床上睡着。当我问他，自慰的时候他脑海里的画面是什么？小王沉默了许久，然后用很悲凉的语调说："在我面前换衣服的妈妈。"随着治疗的深入，小王开始越来越清晰地意识到在他内心深处潜藏的对妈妈的欲望以及对于自己乱伦冲动的恐惧。而他也渐渐开始明白，为什么他需要让自己变得很胖，因为让自己胖得失去男性的特征就可以不用面对自己和妈妈睡在一张床上时的乱伦焦虑。肥胖成功地让他"阉割"了自己，得以用一种无性的状态和妈妈相处。

很沉重的一个个案，当我想起这个男孩悲凉的语调、忧伤的神情、绝望的无助时，我依然会觉得很心痛。当然我无意去指责他的母亲，因为那也是一个可怜的女人，她的生活中缺少了一个丈夫，所以，她的儿子不仅仅是儿子，也是她亲密的伴侣。然而这真的很危险，大家都知道有一个著名的希腊神话讲的是俄狄浦斯弑父娶母的故事，这也是一个无意中酿下的悲剧，俄狄浦斯也因此受到了惩罚，他统治下的国家瘟疫和灾祸横行，当真相揭开时，他的母亲上吊自杀了，他刺瞎了自己的双眼。所以乱伦焦虑对于这个男孩来说真的是生命难以承受之重。

从这个希腊神话发展出了心理学上"俄狄浦斯期"的概念，指的是孩子在3~6岁这个阶段，固有的亲近异性父母、排斥同性父母的倾向。如果这个阶段异性父母迎合孩子的需要，和孩子结成一个联盟共同攻击排斥同性父母，那就很容易在孩子成年后产生恋母或恋父情结。当然在孩子小的时候，父母和孩子的亲近并不会给孩子带来不适，但当孩子进入青春期，性的意识开始觉醒，开始关注异性并希望吸引异性的兴趣时，恰当地处理和异性父母的关系就显得尤为重要了。

中国有句古话叫作"儿大避母，女大避父"，这讲的是什么意思呢？不是说要在情感上排斥或隔离异性父母，而是强调在行为举止、肢体接触上和异性父母要有明确的边界。其实很多这个时期的孩子对于异性父母的身体也是害羞的。我曾经接触过一个个案，一个15岁的女孩，她告诉我一到夏天她就紧张，因为她的父亲经常只穿一条内裤在家里走来走去。我们一直强调一个健康的家庭应该姻缘关系重于亲缘关系，强调在孩子3岁以后就要尝试分床，5~6岁就要分房间。但我知道在我们国家的很多家庭，孩子很大了，妈妈还和孩子睡在一张床上，爸爸睡另一个房间，很多妈妈在抱怨丧偶式的养育，却没有想过用孩子来填补自己对于亲密情感的需要将会怎样阻碍孩子的心理发展。像我之前所提到的小王的个案，他只能用毁灭自己的男性特征来保持与妈妈之间的关系平衡。

青春期，不管是在生理上还是心理上，都是一个充满荷尔蒙味道的时期，蓬勃的欲望需要得到恰当的引导，对于异性的好奇、渴望和爱慕需要得到尊重并提供正确的渠道让孩子去了解和学习。对于父母，尤其是异性父母，需要学会得体地和孩子保持适当的距离，不要有对孩子产生性诱惑的举止，比如父亲搂抱亲吻青春期的女儿、妈妈抚摸青春期儿子身体等。尽管作为父母很难割舍对孩子的依恋，尽管在很多时候父母都没有意识到孩子已经长大，但父母对子女的爱只能是分离而不能占有，如果在孩子青春期之前没有做好和孩子分离的工作，那么，孩子进入青春期后，无论如何必须学会得体地退出，尤其是异性父母和孩子之间要形成明确的边界感，唯有此，我们才能帮助孩子在青春期形成正确的性意识并树立有效的性身份。

（郑晓星）

不再"谈性色变"

——青少年的性行为

所有的结局都已写好/所有的泪水也都已启程/却忽然忘了是怎么样的一个开始/在那个古老的不再回来的夏日

无论我如何地去追索/年轻的你只如云影掠过/而你微笑的面容极浅极淡/逐渐隐没在日落后的群岚

遂翻开那发黄的扉页/命运将它装订得极为拙劣/含着泪,我一读再读/却不得不承认/青春,是一本太仓促的书

——席慕蓉《青春》

有人称,青春期是人生航程中"疾风怒涛"般动荡不安的时期。在这个时期,少男少女们经历着生理发育的第二次高峰,身体产生了巨大的变化,女孩出现了月经,男孩发生遗精。而随着性的发育,第二性征的出现,独立意识、性意识和性情感也开始萌发,他们渴望与异性交往,有了强烈的性冲动,但是与此同时,他们对性、生殖、避孕知识却了解很少,

缺乏对安全性行为的控制能力，导致了许多悲剧的发生。

小玉是一个17岁的女孩子，自小家教严格，父母甚至连电视里接吻的镜头都不让她看。在一次同学聚会上，小玉和同班的男友酒后偷食了"禁果"，对于如何采取避孕措施，小玉及男友都一无所知。一个多月后，小玉发现自己怀孕了，整日惴惴不安，不知该怎么办。看到门口的小广告，便和男友偷偷去小诊所做流产。谁知，做完之后小玉却逐渐昏迷，男友惊慌之余，只能通知小玉的父母，将其送往大医院抢救。从此之后，小玉像变了一个人，在学校独来独往，学习成绩更是直线下降，早早便辍学外出打工。

随着西方性革命、性解放、性自由等观念涌入我国，及各种网络、游戏等对青少年的色情诱惑，加之同龄群体的影响及示范效应，觉得性开放是种潮流或时尚，不少青少年过早地投入到性的探索和实践中。但是由于当前生殖健康教育相对滞后，我国青少年普遍缺乏正确全面的生殖健康知识。学校相关课程缺乏合适的教材，讲课的深浅也难以把握，不少老师更是觉得难以启齿，所以除了基本的解剖知识、生理机能之外，具体的保护措施等只能留给学生自学。很多父母对此更是讳莫如深，认为这类内容不该讲，要保持孩子的单纯；或者"谈性色变"，面对孩子的问题不知该如何回答，持冷漠和抵触心理。市面上也缺乏相关的书籍，导致许多青少年获取性知识的途径很不科学。据调查，目前青少年性知识的主要来源是通过医药书籍、报纸杂志、色情文学及黄色影碟。有11%以上的男生和3%的女生承认曾经从黄色书籍、光盘和黄色网站中获取性知识，充满好奇心的青少年甚至可能陷入网络陷阱不能自拔，甚至走上性犯罪歧途。

性教育的缺失，使得少男少女不懂得如何成熟地看待性。许多少女面对恋人提出性要求时，不懂得或者不善于说"不"。面对性侵犯时，不懂得如何有效地保护自己。而且，在性行为已经发生的情况下，不懂得如何避孕及处理可能产生的后果；一旦受孕后，也不能及时采取恰当手段终止妊娠。选择堕胎或从无忧无虑的青少年变成负担沉重的"少女妈妈"，这些都给青少年生理和心理上带来极大的创伤。目前，女孩未婚先孕、人工流产、感染性病乃至艾滋病等现象正呈逐年上升的趋势。

由此可见，在青少年中开展性教育已是一件刻不容缓的事情。性教育的目的，并不是要传授大量的性知识，而是要让青少年拥有正确的性态度和正确的性行为。应逐步开展青春期性生理知识、性心理知识、性健康保健知识、性道德知识、性病防治以及避孕知识等教育，使青少年树立科学、正确的性观念，消除对性的神秘感，了解如何来保护自己，促进自身生理和心理的正常发育。

在孩子的性教育问题上，家庭、学校和社会都责无旁贷，要承担起各自本应承担的责任。首先，家长应转变自身观念，不再"谈性色变"。做到平等地对待和尊重孩子，了解孩子性意识发展过程和青春期身心发育的特点和表现，能和孩子进行双向的信息和情感的交流，坦诚地回答孩子的性问题，做孩子两性关系的良好榜样。其次，学校应充实性教育的师资，研究正确讲授性知识的教学方式，向青少年提供保护自己性健康的知识和技能，帮助他们正确地理解性观念，培养他们决定两性关系的能力，增强性关系的责任感。再次，性教育应深入到社区与社会生活的各个层面。组织各方面的专家和专业人士深入社区中去，开展广泛而组织严密的性教育课程。甚至设立专门机构，由社会咨询专家及心理、妇产、精神、男科等专家组成，向青少年开放咨询与治疗。另外，社会还应当净化报刊、电视、网络等大众传媒，为青少年创造一个良好的成长环境。

青少年自己也要学会正确对待爱与性。为走上社会，进入恋爱、婚姻、生育、抚养孩子做好一定的知识和心理的准备。进入青春期的少男少女们渴望揭开爱情的神秘面纱，对异性产生好奇，并诱发性冲动，这些是约会中的男女经常会遇到的问题。应明白性需求是健康的、积极的，不必为此感到羞耻或内疚，但同时也是可控的，建立起对性需求的自我防线。积极培养多样化的兴趣，使两人关系向着良好而持续的方向发展。由于爱情教育的缺失，很多人并没有掌握爱的能力。爱是一种对他人倾慕和关怀的情感，它包含了尊重、信任和体谅。愿意与对方分享喜怒哀乐以及对彼此负责任的承诺。并不只是单纯性的吸引，"性"是要以"爱"为前提的。

对异性的朦胧感是青少年时期的特点，也是人生经历的一种体验和美丽。希望青少年都可以学会以成熟的方式看待性与爱，不再"谈性色变"。

（李凤娥）

偏离主流的爱恋

——谈青春期的性取向问题

> 但愿不会有人想从我所做所说的/探究我是谁/总
> 有一个障碍在那里扭曲/我生命的行为和态度/总有一
> 个障碍在那里/阻止我,当我要开口说话/从我最不为
> 人知的行为/从我最隐晦的作品——/只有从这些我才
> 会被理解
>
> ——卡瓦菲斯《秘密的事情》

　　小王,一个19岁的大一男孩,因为失恋来诊。他在高三的时候喜欢上
了班上一个优秀的男生,向对方表白,但遭到拒绝,对方明确告诉他自己
喜欢异性。消沉了一段时间后,小王在大学里找到了可以交往的男朋友,
但由于他过分的黏人,对方觉得与他交往有一种窒息的感觉,于是不久就
分手了。小王难过了一段时间,很快他就找到了新的男友,同时他还在网
上找到了一个同性交友群,同时和5位男朋友谈恋爱。此期间小王心情非
常好,觉得自己拥有很多爱。可最近他最喜欢的那个男朋友发现了他同时
交往多个对象的事后,坚决与他分手了,这让小王再次陷入痛苦之中。

　　小艾，20 出头的名牌大学研究生，一个长相甜美的女孩。她说自己在高中时就喜欢过一个女生，一直没有表白。上大学后交了一个男朋友，这个男孩非常控制且经常贬低她，一年后她认识了一个女孩，两个人情投意合，她觉得与那个女孩在一起更为开心，更享受同性之间的性行为，于是与男友提出了分手。她告诉我，她可以接受异性恋也可以接受同性恋，目前想和女朋友长久交往下去，并考虑结婚的问题。女朋友已经申请成功留学，自己也在积极准备中，因为只有两个人一起到了国外，同性结婚才是合法的。现在最苦恼的问题是不知道如何向父母坦白这件事情，自己多次向父母暗示过同性恋的合法，父母均表示决不能接受同性现象。

　　这几年我在高校做了很多的学生工作，我发现同性恋或双性恋在当今的青少年中似乎是一个相当普遍的现象，而且大家对不同性取向的接纳和包容程度相当高。不得不承认，这是社会文明的一个进步。作为一个 70 后的中年人，我经历了同性恋被当作异常性取向写入教科书的年代，当时被认为这是需要治疗的精神疾病，直到 2001 年，在"中华精神科学会"推出的第三版"中国精神疾病诊断标准"（CCMD－3），才将同性恋从精神疾病分类中删除，这意味着中华医学会不再将同性恋看作疾病，同性恋在中国大陆实现了"非病化"。但"非病化"并不意味着得到了主流文化的认可，一直以来，同性行为都是被边缘化的小众行为，尤其是男同性恋，因为存在艾滋病传播的风险，更是不能为大众接受。

　　我相信再开明的父母，也不会希望和接纳自己孩子是同性恋的事实。很多家长很担心，是不是因为受到了不良影响，所以现在同性恋变得越来越多。但有研究表明，近年来同性恋现象的增加其实并不是有同性倾向的人增加了，而是因为社会的包容度增加了，再加上世界各地对同性恋合法性的宣传，使得有勇气去承认自己的同性倾向的人越来越多了，从这个层面讲，这是人权的进步，尊重个性化的选择。性取向是一个很复杂的话题，其成因也很复杂，除了家庭养育、社会环境、文化因素之外，也有很多研究支持同性取向是具有遗传因素的。所以今天我们不对真正的同性取向进行探讨，因为性取向如果是发自一个人内在的真实情感，是一种符合天性的选择，那我们就必须尊重这样的选择。之所以要专门对青春期的性取向进行讨论，是因为很多这个时期的孩子可能会因为种种心理因素陷入假同性恋的幻想中。

分析一下我们前面所提及的案例。小王从小就被父母放在爷爷家抚养，爷爷是一个孤僻的老人，很少和小王交谈，小王对在爷爷家的印象要么就是一个人看电视，要么就是搬张小板凳坐在门口孤独地看风景。等到小王6岁要上小学了，父母将其接回家中，父亲是一个成功的有魅力的男性，但妈妈经常在小王面前贬低父亲，小王一度幻想自己能够取代父亲的位置成为和母亲关系最紧密的那个人。可是随着年龄的增长，他发现父亲在社会上拥有很多的资源和权利，很多人崇拜父亲，超越父亲其实是一件很困难的事情。他开始渴望父亲身上的男性力量并憎恨母亲挑拨自己与父亲的关系。在爷爷家孤独的岁月使得小王形成了胆怯内向的性格，一方面他完全没有信心成为像父亲一样孔武有力的男性，另一方面他也担心像妈妈一样的女性会吞噬自己男性的力量，像妈妈对待父亲一样对待他。为了逃避对自己男性身份的焦虑，小王自觉地把自己放在了需要依靠的柔弱的女性位置上，他对同性伴侣的选择非常随意，只要愿意让他依靠，即使对方是农民工，他也能与对方发生性关系。所以小王的同性取向与其说是他的性向选择，不如说是他对自己内在阉割焦虑的防御。经过心理治疗，小王认识到自己潜意识里对成为男人的渴望和自卑，他开始能够在同性交往中不过分黏着对方，邀请小王的父母一起进行家庭治疗，在父母的帮助下，小王开始能够将更多的精力放在学习上，也开始发展出了对异性的兴趣。

再来看小艾，她从小就是个乖乖女，父母对她要求严格，她一直循规蹈矩地长大。在高中时她接触到了网上流行的耽美文学以及由此衍生出来的腐文化（大部分讲美少年、少女之间的唯美同性恋情），她开始关注同性恋群体。在这个群体有人宣称同性恋才是纯粹的爱情，异性恋只是为了繁殖的需要。这样的言论让小艾觉得很新鲜也很刺激，她被压抑着的青春期叛逆在脱离父母的管制后喷薄而出，一切离经叛道的事情她都很想尝试一下，而与异性男友的恋爱失败也促成她将情感投向了更温柔体贴的同性伴侣。当她结束了青春期的叛逆，能够更为成熟冷静地处理问题时，小艾最后还是和一个异性男友走进了婚姻的殿堂。

还有研究表明，曾经遭遇同性性侵的个体，尤其是男性，可能因此发展成同性恋。或许这也是一种斯德哥尔摩综合征。所有这些由于心理创伤因素导致的同性取向、双性取向都不是真实的性取向选择，而是出于对创伤的防御，这些个体并不会因为逃避了异性恋而收获幸福，所以这部分个体是需要心理治疗来帮助他们认识自己真正需要解决的问题。

青春期是一个心理流动的过程，孩子的个性、兴趣等都处在发展变化中，包括性取向。父母如果发现自己的孩子有同性恋倾向，不要慌张，更不要责骂孩子，而是要和孩子交流她/他在同性恋中满足的需要，帮助孩子去处理成长过程中遇到的困难，必要时寻求心理治疗。已有的研究表明，在青少年中有20%~30%的男性和10%的女性在某个时候有过至少一次同性性经历。性研究的先驱阿尔弗雷德·金赛认为，同性恋和异性恋并非是截然分开的性取向，应该将性取向看作一个连续体，一端是"完全的同性恋"，另一端是"完全的异性恋"，在这中间是双性恋。所以对于青春期的孩子来说，不要发现自己对同性产生兴趣就将自己定义为同性恋，更不要为了标新立异宣称自己是同性恋，这个时期你们对一切都只是探索的过程，可以进行各种尝试，但不要轻易将自己定位。当然，如果是真正的同性恋，不管家长还是老师都应该给予孩子支持，尊重孩子天性的选择，最重要的是要教会孩子保护自己，避免感染艾滋病。同时要告诉孩子需要严肃地对待感情，不管是同性恋还是异性恋，都必须对交往的对方诚实、负责，不能拿别人的感情来满足自己的需要，更不能滥交，伤害别人的感情。

（郑晓星）

天使在地狱

——谈青少年性侵

我是被一个沉重的雷声惊醒的，睁开迷蒙的睡眼，发现烟雾弥漫，往四周观看时才发觉，我已来到了地狱之谷的边缘。那黑暗幽深的地方，响着不绝于耳的雷鸣般的哭声，我定神往底下望去，除了感到深不可测，完全无法看见任何景象。

——但丁《神曲》

前几天看了一个新闻，一个农村贫穷家庭的女孩，经过自己的努力考上了大学。收到录取通知单那天，全家都很高兴，吃过午饭，父母就张罗着出门找亲戚借钱给孩子筹集学费。女孩觉得头晕，就去了隔壁叔叔家开的诊所，叔叔给她量了体温说发烧了，给女孩吃了点药，让女孩去诊所后面的小房间休息一下。毫无设防的女孩听从了叔叔的安排，悲剧就此发生，病中毫无反抗能力的女孩被自己的亲叔叔侵犯了。事后叔叔送了2000块钱到女孩家，说是恭喜女孩考上大学。女孩的父母非常感谢，直说自家兄弟是个大好人。羞愤难当的女孩无人可以诉说自己的痛苦，对叔叔的愤怒让她丧失了理智，她在一瓶饮料中加入了老鼠药，骗叔叔家的两个孙子喝了下去，两个无辜的孩子成了女孩仇恨的殉葬品。案发后女孩被刑事拘留，等待她的将是漫长的牢狱生活，而比监牢更可怕的是女孩的心灵将永远被禁锢于地狱中。

性侵是一个沉重的话题，被侵犯的对象不仅是青春期女孩，低龄幼童被性侵的新闻也经常见诸报道。近年男童和青春期男孩被性侵的报道也屡见不鲜。性侵对于个体身心健康的影响持续终生，问题常常在青春期凸显出来。在青春期之前，由于孩子对性不了解，伤害可能没有被觉察。但进入青春期，随着生理的成熟和第二性征的显现，孩子开始对性及性接触有了越来越清楚的了解，此时在青春期之前或青春期遭遇的性侵就尤其让孩子难以承受。我曾经接诊过一个个案，28岁的白领，漂亮且工作能力出众，因为无法忍受与异性的亲密接触就诊。女孩从小爱读书，初二时她经常去学校的图书馆，图书馆的管理员是一个退休的男教师，对她特别好，总是笑眯眯地夸她爱读书的好品质，还经常向她推荐各种好书，不向学生开放的书这个管理员也允许女孩借阅。女孩因为得到特殊照顾觉得这个老师可亲近。一天女孩站在一个教师借阅区看一本书，管理员站在她后面，一边夸她真厉害可以读这么有深度的书，一边把手放在她的胸部。女孩不知道发生了什么事，她觉得不舒服，于是找了个理由离开了图书馆。后来女孩在和同学的聊天中得知这个老教师经常猥亵女学生，她意识到自己那天是被性侵了。她感到无比的羞辱，自己居然为老教师曾经对自己的特殊照顾而得意过。她又想起自己更小的时候，刚上小学，她去外婆家，邻居的一个大男孩说要和她玩一个特殊的游戏，男孩和她单独待一个房间，拉上窗帘，窗外一起玩的几个孩子挤在一起在外面窃笑。男孩趴在她身上脱了两个人的裤子，她当时还很好奇接下来要怎么进行这个游戏。因为有大人回来，这个游戏中断了。当进入青春期的她意识到这也是一种性侵，她更加羞愧于自己的反应。于是她下意识地认为自己是个不洁的女子，她害怕面对自己对性的需要。

其实这还是一个不太严重的性侵个案，还有很多更严重的来自熟人的甚至是至亲的性侵，太多触目惊心的案例让人不忍卒读，有调查表明性侵有80%是熟人实施的，这样的创伤让个体甚至失去了继续活下去的勇气。性侵创伤的复杂性在于个体承受的不仅仅是身体的伤害，更多的是来自舆论的压力和内在对事件的归责。不仅仅是中国，在大部分国家的文化中，性侵并不是一件名誉的事情，被侵犯的个体哪怕被认为没有过错，也经常会被当作一件被玷污的物品而承受他人异样的眼光。对于青春期的孩子而言，对自我总是有着完美的期待，对同伴归属有着强烈的需求，被侵犯导致了自我的不完整和与同龄伙伴的差异，单此两点就已经让孩子很难承受了，而来自熟人的伤害还要让孩子对人性产生怀疑，对情感失去信任，这对青春期正在思考人生的孩子来说是一个巨大的打击，足以让他们把自己终生囚禁在地狱中。而对于被性侵个体的心理治疗也是一个漫长而艰难的过程，所以强调对性侵的防范是无论如何都不为过的。

在被性侵的个体中，我特别想谈的是那部分胆小、善良、缺爱的孩子。这些孩子哪怕知道自己在被侵犯的时候都不敢拒绝，甚至在开始还会因为自己得到他人的关注而欣喜，然后一次又一次地让坏人得逞。这些孩子的创伤是复杂的，不仅仅有对迫害者的愤怒，还有对父母不能保护自己的伤心、对自己缺爱的委屈、对人生的绝望等，更难以承受的是无法与人言说的内在极度的羞愧，因为自己配合了他人对自己的侵犯。这样沉重的羞愧弥漫在个体的生命中，摧毁了内在的自我力量，导致个体始终生活在对自我的否定和拒绝中。从这一点讲，为了保护孩子免受性侵，为人父母者更需要思考一下我们除了告诉孩子防性侵的知识外，还要如何给予孩子他们所需要的爱，能够让他们有勇气在受到侵犯时大声说"不"。

假如孩子不幸被性侵了，我们能做些什么？从保护孩子的心理层面讲，给予孩子支持是最重要的，要让孩子明白她/他是无辜的，性侵的发生与她/他没有关系，不是因为她/他做错事情导致性侵发生的。要让孩子明白任何时候父母都会站在他们的身边，有任何困难都会和他们一起面对。要告诉孩子这个世界是有坏人，但不是所有人都是坏人，今后可能会有人因为此事而对他们持有不一样的态度，但最重要的不是别人怎么看待自己，而是我们要接纳受过伤的自己，因为我们本来就不可能获得所有人的喜欢，被性侵这件事只是让我们更早地识别出了那些不曾真心喜欢我们的人。人生只是一个过程，我们会经历很多风雨，不管遇到多么严重的灾难，只要我们坚持走下去，就能遇见不一样的风景。

所以，与青春期的孩子共勉，我们无法预见会有什么样的灾难在我们的人生中降临，但一定要记住，把灾难当作我们生命的一个体验，拓展我们对于人生的见解。我们承受住了打击，也就收获了更多对于生命的感悟和理解。当然也要呼吁社会，要更为积极地预防我们的孩子遭受性侵的伤害，要对被性侵的个体给予更多的接纳和支持。

（郑晓星）

精神障碍篇

消沉的背后

——谈青春期抑郁

> 哦，不，不要去那忘川，也不要榨挤附子草/深扎土中的根茎，那可是一杯毒酒/也不要让地狱女王红玉色的葡萄——/龙葵的一吻印上你苍白的额头/不要用水松果壳串成你的念珠/也别让那甲虫，和垂死的飞蛾充作灵魂的化身/也别让阴险的夜枭相陪伴，待悲哀之隐秘透露/因为阴影叠加只会更加困厄/苦闷的灵魂永无清醒的一天
>
> ——约翰·济慈《忧郁颂》

张晓月（化名），今年15岁，重点高中一年级就读的女孩子，学习成绩优秀，自我要求很高，活泼开朗，班里人际关系好，是父母眼中的乖乖女，也是父母的骄傲。父亲是某国企总经理，工作比较忙，但只要有机会就会关心孩子学习成绩，出差回来必定会给孩子买个小礼物，回来再晚也要看一下孩子。母亲在某政府部门工作，工作也比较忙，但母亲非常关心孩子，也付出非常多，在孩子小时候，母亲周末和晚上时间带着孩子在学

琴、画画、舞蹈、英语等各种补习班和兴趣班间穿梭，孩子也比较喜欢这样的学习，因为在学校中能显示自己的优秀。

张晓月近一个月感到学习很困难，老师讲课自己好像也听不懂，也觉得学习没有意思，感到同学间的交往很傻很假，不能理解大家之间有什么好说的，有什么好笑的，感到自己之前的很多行为很傻，很没意思，也不愿意和同学交往，觉得同学们都不理解她，父母也不理解她。学习成绩下降，近一周时不时冒出不想活的想法，回忆自己先前的好多行为，如对同学恶作剧，觉得对不住同学；觉得父母为自己付出这么多，自己没有办法回报，对不住父母；老师对自己期望那么高，自己不能达到，觉得对不住老师。

在家人的帮助下，心理医生和张晓月进行了交谈，发现孩子的想法已经明显不如原来积极，出现大量的负面想法，感觉自己一无是处，没有动力，感觉很绝望，出现想死的念头，医生判断这是抑郁症的表现。

青春期的孩子很容易出现过渡期焦虑的问题，大多数孩子都会有一些对未来的担心和不安，以及对周围的评价比较敏感，但像张晓月这样的孩子是比较少的一部分，需要引起高度重视。患有抑郁症，同时伴有一些青春期的特点。

有两点需要引起重视。

一是与前期行为比较出现明显的变化。由原来的开朗合群变得孤独寡言，不愿与大家来往，有些还会出现食欲下降、体重降低、睡眠差等现象，交流时能发现自卑增加，严重者能出现语速变慢，动作变慢现象，学习成绩会出现下降。

二是思考动力不足。感觉自己脑子像生锈了一样转不动，满脑子回忆起来的全是负面的不好的事件，愉快的体验全部忘记，别人劝说也没用。

需要家长和学校关注的有以下 3 点。

一是抑郁是一种疾病。它和感冒一样是有一定的生理基础，它是脑内的化学物质（五羟色胺和儿茶酚胺）减少时人出现的表现，人的大脑中有一个区域叫杏仁核，重点任务就是管理人的情绪，这个区域出现异常，就会出现脑内的化学物质发生变化，不管是谁，五羟色胺和儿茶酚胺缺少了表现都一样，都会有这样的行为和想法出现。青春期孩子是大脑发育成熟的一个特殊时期，在成长过程中易出现这些问题。

二是需要关注是否有自杀念头。自杀是一个沉重的话题，在孩子出现自杀念头时，多数家长都不愿意承认这是真的，孩子在出现重度抑郁时可能真的会出现想自杀的念头，甚至自杀行为。但是我们不能回避这个问题，所以当孩子有这个想法时，可以和孩子聊这些想法，同时积极想办法给予积极帮助，唤醒孩子求生的欲望，必要时寻求专业的帮助。

三是对孩子的生命教育很重要。现在的生命教育相对比较滞后，忌讳和孩子谈论死亡问题，但当孩子出现迷茫时，有时候甚至都没有告诉家长，一个鲜活的生命就消失了，这是我们在关注孩子成长时需要进行教育的一个沉重话题。生命的意义，生命的内涵，生命的系统中有多少链接需要孩子了解和理解。

同时需要孩子关注以下两点。

一是发现周围同学出现一些早期抑郁信号时及时上报。平常少男少女们有他们的小空间小秘密，很多事情家长和老师不知道，所以在这里谁出现了异常是能最快发现的地方。教育青春期孩子识别异常很重要，让他们成为心理健康的践行者和发现者，甚至成为保护者的角色。

二是自己出现心理障碍要勇敢面对。一旦发现自己出现张晓月那样的表现，就要积极找家长、同学、老师来帮助，让自己快速在大家的帮助下走出人生的艰难地带。

（肖存利）

陷入抑郁中的孩子

——浅谈家庭关系对青春期孩子情绪的影响

> 孩子就是家里的一面镜子。孩子会把家里存在的
> 所有问题都映照在自己这面镜子里，孩子会把家里各
> 种各样的信息都吸收进来，结果他就成为这个家庭的
> 一种写照，一种镜像。从这个角度讲，如果夫妻关系
> 很糟糕，孩子的伤害几乎不可避免。
>
> ——武志红

去年8月份的时候，15岁的初三学生小丽，由妈妈陪着来到心理咨询室。小丽是家中独生女，就读于重点中学，成绩优异，上初二的时候，父母经常争吵，自己无法与父母沟通，她感觉烦躁、易怒，头晕、心慌，因此不愿去上学。去年5月份曾就诊于北京某三甲医院的心理科，做了心电图、脑部CT等多项检查，均正常，诊断"焦虑抑郁状态"，服用抗焦虑抗抑郁的药物治疗，但是情绪都没有明显改善。由于心情不好，记忆力差，注意力也不能集中，无法坚持上学，当时已办理休学，在家休养。但是小丽仍然头晕、胸闷、气短，莫名的紧张害怕，

心情不好时这些症状会加重，心情好了会缓解。父母对此非常着急，但又束手无策。

在一次箱庭（沙盘）治疗中，小丽意识到以前的自己是个开心快乐的小女孩，而现在的自己生活状态很不好，小丽在思索：为什么会发生这些变化呢？小丽发现，当爸爸妈妈关系好的时候她的状态就好，当爸爸妈妈关系不好的时候，她的状态就差。家庭关系改善是最重要的，好像与是否服药没关系。但是自己对于家庭关系又无力改变，感觉心情很糟糕。小丽主动提出下次咨询要求父母都参与进来，但是父亲一直未出现。小丽的情绪时好时坏，虽然一直坚持服药，但情绪却无明显改善，基本无法上学，一直在家休息。

直到今年的5月份，父母终于同时陪小丽来到了咨询室，做了一次家庭治疗。父母两人都开始认识到，之前夫妻关系好的时候，小丽是个很开心快乐的孩子，就是在近2年里，夫妻总是争吵、冷战，小丽每天放学后都不愿回家，心情不好，那个开心快乐的小丽变成了烦躁易怒，甚至无法坚持上学的孩子。没想到他们的关系会对孩子造成如此大的影响，爸爸妈妈对此非常自责，也非常后悔他们的所作所为。在那次家庭治疗中，每个家庭成员都表达了要改变的决心，尤其是爸爸和妈妈，小丽当时很受感动，她发现其实爸爸妈妈感情还是不错的，也发现爸爸其实没有自己想得那么不好，妈妈发脾气后也会后悔。而且最重要的是，通过这次家庭治疗，小丽意识到，自己之所以出现情绪问题和各种躯体不适，其实是因为内心有一种想法：如果我生病了，如果我上不了学了，那么爸爸妈妈就会关注我，他们就不会争吵了……家庭治疗结束后，爸爸挽着妈妈和小丽走出了咨询室。

那次家庭治疗之后，爸爸发生了很大变化，每天和小丽谈心，帮妈妈做家务、做饭……妈妈态度也变得温和了许多，整个家庭关系发生了很大的变化，家庭成员关系和睦了。没过几天，小丽心情变好了，不烦躁了，不发脾气了。那些头晕、心慌、气短等身体不舒服的表现全都消失了，还把药停了。而且还主动要求去上学，上学期间学习状态好，记忆力差、注意力不集中等表现全部消失了。在一次阶段性的考试中，小丽成绩还排在中上水平。父母特别惊喜，仅仅是家庭关系的改变，小丽就发生了这么大的变化。小丽和父母对当前家庭关系的现状都很满意，为了孩子，父母也愿意继续努力，为孩子创造良好的家庭氛围。

以上就是家庭关系对孩子造成负面影响的一个典型案例。本案例中的小丽，让我们真真切切地看到了家庭环境对于一个孩子来说，有多么重要。家庭环境改变带来的成效是药物治疗所不能及的。孩子看似与爸妈是分离的，是一个独立的个体，但是作为家庭之中的一员，孩子与父母又是不可分割的，父母两人关系的好坏，会影响孩子的情绪和生活、学习。夫妻恩爱、夫妻关系和睦的家庭，夫妻之间互爱、互敬、信任、关心、体贴，能给孩子良好的家庭环境，这类孩子的性格也会更加平和、开朗，由于父母关系很好，孩子也会对人际关系，包括婚姻产生美好的感觉和向往，能有健康的人际交往。夫妻关系不和谐，孩子生长在充满矛盾、父母成天争吵、冷战的环境里，家庭气氛里缺乏温暖、幸福、平和，缺少孩子心理健康发展所必需的一切条件，会使孩子受到不良情绪的影响，更易出现焦虑、抑郁等心理问题。

有些家长可能会问，那我们之间的关系真的是不可调和，三观不同，我们已经到了相看两厌的时候，我们该如何为了孩子去维持一个和谐的假象？如果是这种情况，建议与其为了孩子勉强维持婚姻，不如和孩子开诚布公地谈一次，尤其是青春期的孩子，此时对于人生他们已经有了很多自己的见解，同时他们也非常敏感，他们能够分辨父母是戴着面具生活还是真正和谐。在交谈过程中关键要让孩子明白父母的关系是属于父母自己的问题，和孩子没有任何关系，无论父母以何种方式相处，父母双方对孩子的爱都不会改变。千万不要在孩子面前互相攻击，即使分手还是要维持父母双方在孩子心目中的位置。只有这样才能尽可能将父母关系不良对孩子的伤害降低到最小。

总之，孩子的心理发展是一个极其复杂的过程，它受到来自遗传、自然环境、社会环境、家庭因素、学校因素等多方面的影响。而家庭关系的重要性，对孩子来说是不言而喻的。亲爱的爸爸妈妈们，为了孩子心理健康发展，创造一个良好的家庭关系太重要了！

（李志玲）

摇头晃脑说脏话的女孩

——谈青少年抽动障碍

> 我们拼命地学习如何成功冲刺一百米，但是没有人教过我们：你跌倒时，怎么跌得有尊严；你的膝盖破得血肉模糊时，怎么清洗伤口、怎么包扎；你一头栽下时，怎么治疗内心淌血的创痛，怎么获得心灵深层的平静；心像玻璃一样碎了一地时，怎么收拾？
>
> ——龙应台《目送》

小文是女儿的同学，活泼好动，今年初二。女儿特别喜欢跟她玩。有一段时间女儿回家便向我展示自己会玩单杠、双杠了，看着女儿在单杠上翻转腾挪，我为女儿突然增长的技能而欣喜。女儿告诉我那是小文教她的。可是有一天，女儿突然跟我说："妈妈，小文好像生病了，最近学习成绩下降得厉害，特别爱发脾气，总挨批评，还老想逃课。"一个周末的中午，小文的妈妈带孩子来家里玩，看着两个宝贝在床上嬉笑打闹，小文妈妈唉声叹气地跟我聊起小文的情况。原来小文最近一直在看首都儿科研究所（简称儿研所）的心理门诊，因为孩子最近出现了不自主的摇头表现，并且还常常骂脏话，同时变得无比淘气，有时去超市还会想拿超市的东西，儿研所的诊断是"抽动秽语综合征"。小文的妈妈为此非常苦恼，为了矫正小文的异常举动，更是对小文严加管教，有时还会忍不住大声呵斥和责骂小文。小文妈妈自己也出现了失眠、易怒等问题。谈话期间她时常指着小文对我说："你看，她又晃头了，你看，我要是在家早就忍不住要骂她了，现在这孩子学习成绩也下降得厉害，遇到不会的难题，便会发脾气，甚至摔课本，我烦恼极了。"看着活泼可爱，见到我都远远打招呼叫阿姨的小文，我不禁感到可惜，同时也想更进一步了解小文生活的环境，寻找问题的根源。

小文舅舅在北京开了一家公司，生意很不错，小文的爸爸妈妈都是东北人，为了孩子能得到更好的教育资源，两个人同时辞掉了当地的工作，来北京投奔小文的舅舅。小文的爸爸本是东北一所大学的老师，现在就在小文舅舅的公司帮忙，妈妈是当地一家公司的会计，现在为了能更好地照顾小文，便成为全职妈妈。虽然北京的房子很贵，但是为了让小文有个家，小文的父母，把东北的两套房子全卖了，因为没有户口，又通过关系让小文进了现在的学校。小文的妈妈本就是个好强的人，可以说是在小文身上寄托了自己全部的希望，现在不工作，只为在家照顾小文希望她能够给自己扬眉吐气。但是小文所在的班级强手如林，在这样的班级里小文虽然周六周日都去上课外班，但成绩还是中等偏下。小文的妈妈便越发着急，越急越逼迫孩子，经常冲孩子大喊大叫，恨铁不成钢，责骂惩罚孩子。小文的妈妈自己也承认感觉自己情绪都有问题了。

这是一例典型的抽动障碍的案例。精神科的定义：抽动障碍是起病于儿童或青少年时期，以一个或多个部位运动抽动和（或）发声抽动为主要特征的一组综合征。我国朱炎等（2003）报告在湖南长沙市的 6~15 岁学龄儿童中，短暂性抽动障碍的患病率为 7.7%，慢性运动或发声抽动障碍的患病率为 4.72%，发声与多种运动联合抽动障碍（也就是我们前文提及的小文案例的抽动秽语综合征）的患病率为 0.37%。近年来在儿科门诊中，抽动障碍越来越多见，但缺乏有效的大面积流行调查资料。这类患者经常存在共患病，20%～60%共患强迫障碍，50%患者共患注意缺陷多动障碍，很多患者同时存在情绪障碍、睡眠障碍等问题。所以，对于这类疾病我们要高度关注。

家长们一定会问，为什么我的孩子会得抽动障碍？这个疾病的病因及发病机制尚不明确，但既往的研究中已经发现抽动障碍的家族聚集现象还是很明显的，也就是说遗传在疾病的发生中具有重要的作用。我有一个朋友，他的孩子在小学时出现了眨眼、清嗓子的抽动症状，而他本人在小时候也出现过耸肩、眨眼的症状，直到现在他紧张时还是会出现频繁眨眼的症状。从生理基础上看，50%～60%的患者存在脑电图异常，神经生化研究也发现抽动障碍患儿神经递质系统的失调，如多巴胺异常，兴奋性氨基酸和多巴胺系统间相互作用异常等，神经免疫研究还发现β溶血性链球菌感染可能增加抽动障碍的患病风险。因此，在发现孩子出现不受控制的眨眼、耸肩、摇头、做鬼脸、发怪声等异常表现时，不要掉以轻心，更不要简单归因于孩子是故意表现夸张，哗众取宠，而是要及时带孩子就诊，因为药物治疗对于控制抽动症状还是效果明显并且非常有必要的。

当然，在患病因素的考量上我们不得不考虑社会心理因素的影响。研究表明，应激可诱发有遗传易感性的个体发生抽动障碍。这里的应激包括家庭给的压力太大，导致孩子无法应对。还有家庭关系不良，让孩子长期处于紧张情绪之中。我接诊的一例抽动障碍的孩子，就是父母关系不好，母亲对父亲多有抱怨，与父亲关系疏远，孩子上初中了还和妈妈一起睡，而父亲始终被排除在母女关系之外。后来经过心理治疗，他们调整了夫妻关系，给孩子独立的房间，父亲更多参与到与女儿的互动中，也更多关心母亲，让母亲处于良好的情绪中，很快，孩子抽动的症状就明显减轻了。应激还包括生活中发生一些意外的事故，比如家庭成员的离开、目睹重大灾难现场、遭受伤害等，像这些情况也要及时带孩子就诊，处理孩子的心理创伤。

家长们关心的另一个问题就是孩子得病了，该如何帮助他。首先要明白，症状轻微的孩子，比如只是眨眼、清嗓子，没有严重到影响生活学习，此时可以不用药物治疗，但必须认识到问题的存在，不能责骂孩子，也不能要求孩子不要做怪动作和发怪声，要明白抽动的症状不是孩子可以控制的，孩子自己也觉得痛苦，所以要多给予孩子支持，尽量创造一个轻松和谐的家庭环境，适当减轻孩子的压力，尽量让孩子保持比较愉快的情绪，多鼓励肯定孩子，增强孩子的自信。其次，要做好和老师的沟通工作，向老师解释孩子的病情，让老师明白孩子不是故意捣乱，而是生病了，争取得到老师的帮助，为孩子在学校争取一个尽量安全的环境。再次，要帮助孩子和同学沟通，争取得到孩子同学的理解和帮助，减少孩子在学校可能遭到的嘲笑和侮辱。当然，对于症状严重的孩子一定不要讳疾忌医，要及时带孩子去精神科就诊，该服药服药，该做心理治疗做心理治疗，只有这样才能最大限度地减少疾病对孩子心理健康的影响。

回到我们之前的个案，小文的父母牺牲了自己的生活和事业，让孩子承载了自己关于成功人生的梦想，这样的做法是非常不妥的，孩子稚嫩的双肩如何能够承载起父母沉重的梦想？有时，孩子被父母逼得不得不躲到病痛里。当孩子患病后，小文的妈妈非但没有给予孩子支持，还对孩子产生了厌烦失望的情绪，这对于孩子的病情无异于雪上加霜。所以，在这个案例里，不但要求小文积极接受治疗，也需要父母同时接受治疗，管理好自己的情绪以及调整自己的养育态度并分清父母的责任和孩子的责任，父母为自己的梦想努力，孩子为自己的人生负责，只有这样，才能帮助孩子健康成长。

（郑晓静　郑晓星）

爱咬手指的小男孩儿

——谈青少年焦虑障碍

> 学习认识焦虑是一项冒险，每个人都必须毅然面
> 对，如果他不想因为对焦虑无知或者受制于它而走向
> 毁灭的话，因为学会正确对待焦虑的人，他已学会了
> 最重要的事。
>
> ——克尔凯郭尔《恐惧的概念》

刚过完国庆假期上班第一天，我的诊室里来了一位 13 岁的小男孩小磊。小磊刚上初一，看起来比同龄的孩子显得个子小，而且瘦弱。这次妈妈带他来主要是因为，小磊在初一开学第一个月里，每节课上课总是不停地咬手指，啃手指甲，尤其是数学课。语文、英语成绩比较好，数学成绩差，不喜欢上数学课，怕数学老师，一上数学课就明显紧张。平时在校住宿，在家写作业时，遇到不会做的题目也会咬手指。上课注意力不集中，影响了学习成绩。因小升初入学成绩优异，学校老师对其寄予厚望，建议家长带孩子就诊。

小磊是家中独子，父亲已经 60 多岁，母亲 40 多岁，父亲脾气暴躁、

严厉，母亲性格隐忍。父亲经常在家发脾气，甚至打骂母亲，还说自己年龄大了，以后小磊到了 18 岁他就不管了之类的话。小磊特别害怕父亲，在家总是躲着父亲。一见到父亲，小磊就会紧张不安，控制不住咬手指。母亲曾带小磊就诊于儿童医院心理科，诊断为"焦虑状态"，中小学生心理健康测试提示：学习焦虑和过敏倾向两项分值较高。建议心理治疗。

我给小磊制订了治疗计划，箱庭治疗（沙盘治疗）6 次，每周一次。

小磊告诉我，他其实学习成绩挺好的，学习也不吃力，但是不知道怎么回事，刚上初中到了新学校，总是很紧张、担心，不能放松，这时就会控制不住咬手指，语文和英语课还好点，数学课尤其明显，看到数学老师就更加紧张，有时还手心出汗，甚至手发抖。

在箱庭治疗过程中，每次小磊都很认真，焦虑情绪逐渐得以缓解。有一次箱庭治疗（沙盘治疗）作品中：站着的人是自己，自己被邪恶的一方攻击，正义的一方在帮助对抗邪恶一方。在打斗中，自己在家中被坏蛋杀死了。后来，小磊又说自己其实没死，是装死，很快就活了。小磊母亲称：最近常常与丈夫吵架，可能会对孩子造成一定影响，丈夫性格急躁，经常会当着别人打骂孩子，孩子特别紧张害怕。

之后的一次箱庭治疗，我邀请小磊爸爸妈妈都到场，尤其和小磊爸爸沟通他对孩子教育方式的问题，小磊爸爸意识到了自己粗暴的方式对孩子情绪造成了一定的影响，使得孩子紧张、害怕，不能放松。小磊爸爸表示，真的不知道孩子紧张害怕、咬手指竟然和自己有关，为了孩子，他愿意改变自己。治疗结束后，爸爸抱了抱小磊，小磊感觉非常开心。

接下来一次的箱庭治疗中，制作的箱庭作品名称：开心乐园。小磊在其中又开心又放松。现实生活中，小磊心情也特别好，很开心，对上学有信心。不知不觉中，妈妈和小磊都发现，小磊咬手指的行为明显减少了，上数学课也不那么紧张害怕了，上课效率也提高了。

到了 11 月底，治疗结束，小磊已经不再咬手指了，心情好了，放松了，不再紧张害怕，上课反应也快了，吃饭也比之前多了。更重要的是，小磊的数学成绩比之前提高了，再也不怕上数学课了，而且还受到数学老

师的表扬，小磊特别开心。

　　小磊之所以不再咬手指，是因为通过治疗，使得小磊的焦虑情绪得以缓解，心情放松了，自然也就不再有咬手指的问题行为。

　　这是一个很有意思的焦虑案例，小磊的焦虑不只是表现为情绪上的紧张、害怕、担心等，而且还伴有咬手指的问题行为。如果只关注小磊咬手指的行为，很有可能被误以为是别的问题，而忽略焦虑情绪问题。

　　焦虑是每个人都会产生的情绪状态之一，青少年也不例外，甚至比成年人更容易体验到这种情绪。这也是现阶段影响青少年心理健康发展的主要情绪问题之一，在青少年的情绪发展中具有一定的普遍性。

　　导致青少年焦虑的原因有很多，除了遗传因素和个体心理素质因素之外，环境因素也是非常重要的，尤其是家庭环境因素和学校环境因素。

　　在家庭中，家长对孩子的要求过高而孩子无法完成时，就会使孩子的自信心受挫，从而产生焦躁不安的情绪；反之，若父母对孩子放任不管，或者对孩子的各种表现和需求置之不理，也会使孩子产生不被重视的焦虑情绪；另外，一些家长如果对孩子过度的溺爱，那么当孩子进入学校和社会时，脱离父母的呵护，就会很容易产生焦虑情绪了；还有，家庭关系是否和睦也对青少年的情绪有着重要的影响，紧张或争吵的家庭关系，会使得青少年处于焦虑的情绪之中。

　　在学校里，如果教师只关心学生的学习成绩如何，不去和学生进行足够的交流和沟通，不去关心他们的心理健康，那么，青少年就很容易产生挫败感，因为他们还没有足够的心理承受能力来面对失败和挫折，这时候就需要教师的关怀和引导，及时发现青少年的焦虑情绪等问题，及时解决。

　　总之，关注青少年的心理健康是全社会义不容辞的责任。家庭、学校、社会，都应尽可能形成一种合力，发挥好各自的优势，为青少年的心理健康成长构建一个良好的环境。

（李志玲）

输给了水仙花的女子

——谈青少年自恋

> 我谈过最长的恋爱，就是自恋，我爱自己，没有情敌。
>
> ——安东尼

小红，16 岁，身高 160cm，身材均称，面容姣好，皮肤白皙，披肩长发，穿着一件及踝的连衣裙。第一次出现在咨询室时，是由母亲陪同的。从小红的母亲和小红的讲述中我们了解到，小红的母亲是一位教师，父亲是一名公务员。小红从小就长得好看，是在父母、亲戚和邻居们的夸奖中长大，是公认的"小公主"。父母对其比较溺爱，基本上有求必应。父母为了保持其优秀，不惜重金给她报了很多的特长班，如美术、舞蹈、英语、演讲等，基本上每天不是在学习，就是在学习的路上。而小红也不负所望，上小学和初中时学习成绩一直在班级名列前茅，而且也经常在学校的文艺汇演中有不俗的表现，小红觉得自己就像是"天之骄女"一样的存在，对自己满意得不得了。她看不起周围的同学，觉得自己是"阳春白雪"，同学都是"下里巴人"，所以她在学校基本没有朋友，同学们私下里都称她为"骄傲的大公鸡"。小红从不在意同学的疏远,她觉得自己这么优秀,同学嫉妒自己是可以理解的。初中毕业后小红如愿考入市重点高中,随着课业的加重,小红的成绩大不如以前,经常在班级中游,甚至中下游徘徊,曾经擅长的美术、舞蹈等艺术特长也很少有发挥的机会。看见有同学准备出国,就要求父母送其出国,认为国内的教育不适合自己,同学们是只会学习的"呆瓜"。父母因考虑经济、家庭等各种因素拒绝她后,小红便指责父母,认为父母无能,控制不住地对父母发脾气、摔东西,甚至威胁父母如果不出国就休学。有时觉得自己低人一等,为此愤怒、沮丧和羞愧。

小红的状况表面上看起来是随着学业的升迁出现了适应不良的情况。但从深层次的心理学角度来讲,小红属于典型的自恋失败后的暴怒。随着时代的发展,自恋性人格有增多的趋势,具有自恋人格特征的青少年有过度的需要被赞美和自我评价过高的倾向,一旦遭受挫折,就会对别人产生敌意、愤怒、攻击或者威胁行为。此外,自恋者由于具有贬低他人的倾向,所以在失去可以表征自己优越地位的外在条件后,其内在脆弱的自尊无法担负起可能来自外界的批评或失败带来的"伤害",个体会出现逃避行为,一旦觉察到他人的不信任或对现实不适应时,会主动回避原来熟悉的人际环境,如小红要求的出国。

自恋(Narcissism)一词源自古希腊的一个神话故事:名叫纳西索斯(Narcissus)的美少年,因爱恋上自己的水中倒影,最终变成了一朵水仙花。精神分析大师弗洛伊德认为,人的力比多(心理能量)是一定的,投注到他人的能量少一些,投注到自身的能量就会多一些。自恋者渴望别人的爱,永不满足地寻求着他人的赞美,却不敢相信别人真的会爱他。他们所做的一切努力,都是想证明自己是可爱的。面对自己的缺点和不足,他们听不得别人的批评,不能承受小的挫折和失败。他们给自己树立极高的目标(华而不实),而这样的目标往往任何人都难以实现。他们更注重自己的美貌、名望、财富或是否合乎潮流,忽视内心的价值认同和整合。自恋的来访者一般情况下很少主动出现在咨询室里。只有当他们自恋受挫,出现其他问题，如情绪问题、人际关系、亲密关系等问题时才会被注意到。

很多具有很高成就的成功人士的人格特质就具有自恋的特点，但我们不能就此判断这个个体是自恋型人格障碍。只有当该人格特质是缺乏弹性的、适应不良的、持久的，并导致严重社会功能受损或主观痛苦时，才能考虑自恋型人格障碍的诊断。尤其对于青少年，自恋型人格障碍的诊断更应该谨慎，因为青春期的心理特征中本来就有点以自我为中心，自恋的特质在青少年中特别普遍，但这并不代表未来一定就是自恋型人格障碍。所以在对自恋型人格障碍的判断上，我们必须要考量自恋所具有"双面性"，我们每个人或多或少都有着自恋的需要，健康的自恋表现为开朗、好交际、自信并渴望得到他人的肯定。而不健康的自恋则是表现过度，如过分自信、爱出风头、行为的攻击性以及对他人羡慕的过分需求等。

虽然近年的双生子研究发现自恋具有一定的遗传性，但自恋的形成和社会心理因素的关系更为密切，尤其是家庭环境、养育模式对自恋发展具有明显的影响。生活早期来自父母或他人的经常的过分宠爱、过高评价、过多的要求及严苛的要求是常见的原因。这种个体发展过程中所面对的过高的期待和不切实际的赞美容易导致个体形成外在的假性的自尊自傲和内在真实的自卑胆怯，很显然，一个人总是被要求坐在云端，他就特别恐惧摔下来。所以自恋型人格总是痛苦地在需要得到他人的赞赏与爱和异常恐惧被他人拒绝的两极间摆荡。

回到我们案例中，小红童年时期在父母、邻居、亲朋好友夸奖和溺爱中成长，父母为了保持其优秀，常年带她奔波于各种特长补习班，而小红也不负所望地一直维持着老师和同学心中完美的形象。小红一直通过外界的肯定来体验内在的价值感。可以说，小红的内心深处，一直隐藏着恐惧，担心自己不被他人接受，担心自己蒙羞，担心自己低人一等，担心事情失控。为了维持这种虚假的完美形象，尽善尽美，转而去贬低他人，蔑视他人，攻击他人，回避挫折事件。短期内获得了自尊，维持住了自我形象。但长此以往，真实的自我受到极大的压抑。一个看不见自己的人，其内在必然是自卑和恐惧的。但由此是不是就可以诊断小红为自恋型人格障碍？我们之前说过，对于青春期的孩子来说，自恋是其心理发展的一个特质，小红具有人格偏差，但不宜将其定义为障碍，而是要积极地帮助她调整自己的人格缺陷问题。

其实自恋者的核心困难在于内在的脆弱的自尊，所以对自恋者的帮助首要的是要帮助其接纳自我，父母要对孩子形成合理的期待，在孩子有成绩时不过分肯定，失败时不疾言厉色地批评，尤其是要避免对孩子的贬低。其次，给青春期的孩子示范如何尊重他人而不是唯我独尊，减少竞争对她的诱惑，就会减少挫折对自尊的损伤。再次，让孩子学会在关注自己需要的同时也要关注身边人的需要，学会约束自己赞美他人，这对改善人际关系有很大帮助。最后，帮助孩子识别和放下过度膨胀的自我中心的错误观念，学会施爱于人。由"我爱因为我被爱""我爱你因为我需要你"的不成熟的爱的原则，转变为"我被爱因为我爱""我需要你因为我爱你"的成熟的爱的原则，使"自我"得到充分的成长，促使病态自恋向健康自恋发展。

（宫　雪　郑晓星）

高贵血统的困境

——青少年偏执人格分析

> 人的内心，既求生，也求死。我们追逐光明，却也追逐黑暗。我们渴望爱，我们却也近乎自毁地浪掷手中的爱。我们心中好像一直有一片荒芜的夜地，留给那个幽暗又寂寞的自我。
>
> ——弗洛伊德

小傲（化名），16 岁男生，今年上高一，老家在一个县城。小傲考上了市里的一所重点中学，开始了他的寄宿生活。一年的时间不到，他就和宿舍的所有同学关系闹僵了。小傲晚上习惯早睡，10 点之前他一定要入睡，否则就会影响他第二天的学习效率，他和同学说过他的要求，可大家都不以为然，经常 10 点熄灯后还聊天。尤其睡在下铺的同学更是让他生气，经常晚上开床头灯读书，还经常翻来覆去，弄出动静影响他睡觉。宿舍几个同学经常一起去打球，但大家很少叫小傲，他觉得同学是在排挤他。有时候他穿着西装出门，他觉得其他男生都在议论他，说他不好听的话。他觉得同学是嫉妒他。辅导员为了调和小傲的人际关系，给他换了几次宿舍，可每次总有这样那样的问题，小傲和室友起了很多冲突。后来小傲找辅导员，要求要一间单人宿舍，威胁辅导员如果不给他单间，他就要跳楼自杀。老师们都看出小傲的个性有点偏执，因为多年前的马加爵案件，老师们都很害怕学生出现偏激行为，所以为了息事宁人，就给小傲安排了一个单间。

辅导员和家长沟通了小傲的在校表现，认为小傲存在人格偏差，希望家长能够引起重视，带孩子去看一下心理医生。可是小傲的父母对老师的判断非常生气，他们认为自己家血统高贵，当然不能和其他的同学混为一谈，自己的孩子成绩优异、外表俊朗、身份显贵，和其他来自乡下的同学无法相处是很正常的事情，希望老师不要对孩子有偏见，尽量给予孩子特殊的照顾。

辅导员没办法，就让学校的心理咨询师和小傲谈了一次，心理访谈过程小傲还比较配合，说自己父亲性格强势，工作特别努力，经常不在家，都在外应酬，说是为了自己的职位升迁必须搭建好人际关系网。经过父亲坚持不懈的努力，他终于从一个乡下小伙子奋斗到了县里一个重要部门的处级干部。父亲告诉小傲，自己所有的努力都是为了让他有一个更为煊赫的家庭背景，不想让他与身份低微的人过多交往。父亲每次回家只关心小傲的学习成绩，一旦小傲成绩不理想，就会被父亲严厉指责甚至殴打，所以小傲宁愿父亲不回家。母亲温柔软弱，是个家庭主妇，小傲从小到大基本上都只有母亲一人陪伴着他，父亲不在家时母亲和小傲是关系最亲近的，但父亲一回家，小傲觉得自己就被排除在外，母亲就忙着照顾父亲，没时间关注他。而且母亲对父亲言听计从，在父亲责骂惩罚小傲时，母亲从未帮助小傲说过一次好话。

小傲成绩不错，长得也是一表人才，所以他从初三开始就交往过几个女朋友。可每个都持续几个月就分手了，原因都是女生都受不了小傲的控制和猜疑。小傲觉得他找的都是漂亮的女孩，而漂亮的女孩多是爱慕虚荣的，她们极有可能跟着有钱的男人跑了，所以他坚决不允许女朋友和除他之外的其他男性交往，每次只要女朋友离开他的视线范围，他就不停打电话询问女友的去向。很多时候女友觉得不胜其烦，就拒绝接他的电话，然后小傲就堵在女友返校必经的路上，见到女友就追问是不是劈腿了，是不是背着他和其他男人好上了，最后他的女友们就恨恨然地回复："是，我就是和别人好上了，我们分手吧！"由此小傲得出结论，女人没有一个是可靠的。

尽管小傲在心理访谈中很配合，也表示愿意接受进一步的治疗，但出了诊室，小傲就去找了辅导员，很生气地对辅导员说，把他当作一个有病的人安排心理咨询，这是对他的侮辱。说可以原谅辅导员第一次的错误，假如再发生这样的污蔑他的人格的行为，他将付诸行动捍卫自己的名誉。并且明确宣称自己的高贵血统不宜与其他同学同住一室，如果学校实在必须安排其他同学与他同住，室友必须先经过他的审核，同意后才能安排入住，否则别怪他做出不理智的行为。小傲的父母知道老师安排小傲做心理咨询后，也生气地打电话质问老师，并说要保留法律起诉的权利，控告老师对小傲的诽谤。因为小傲的成绩优秀，虽然有很多不适切的言语和态度，但也没有真正做出伤害同学或老师的行为，而学校本着爱护学生的原则，也不想就此轻易放弃一个孩子，事情就此僵住了，老师和同学们只能尽量回避和迁就小傲。

从小傲的表现来看，他的性格里具有明显的对他人的普遍不信任和猜疑的特点，倾向于把别人的动机解释为是恶意的，在亲密关系中怀疑伴侣的忠贞，毫无依据地反复猜疑、嫉妒伴侣的社交行为，容易感到自己的人格或名誉受到打击，如将老师善意安排心理咨询帮助他更好成长的行为解释为对自己人格的侮辱。很明显，小傲具备偏执型人格障碍的特点。从定义上来说，人格障碍是有问题的思维、情感和行为的模式在长时间内相对稳定，其特征通常在青少年期或成年早期凸显出来。我们一般不轻易诊断一个18岁以前的青少年为人格障碍，但如果个体人格障碍的特征很明显，适应不良的人格特质在广泛的人际关系中存在，并且持续时间已经达到1年以上，诊断也是可以的。对于16岁的小傲来说，已经进入青少年晚期接近成年早期，问题人格特质持续时间长，不但猜疑室友，对老师、女友也同样存在不信任和敌意的态度，已经可以诊断为偏执型人格障碍了。

现在青少年中出现人格问题的孩子明显较之前增多了，任何一个问题的出现其原因必然是综合的，人格障碍的形成可能和遗传因素有关，和颅脑发育、损伤有关，因为在脑外科术后病人中我们已经发现有出现显著人格改变的例子，但更多的是和社会心理因素，尤其是家庭养育有关。从小傲的例子我们也可以看出来，他的父亲坚称自己家庭具有高贵血统，不但自己执着地追求一个较高的社会地位，也强烈地希望小傲能够出人头地，父亲对其态度严苛，严重地打击了小傲的自信心，母亲虽然对其温柔，但由于在处理父母子女三角关系的过程中，母亲对父亲权威的崇拜让小傲在与异性（父亲）竞争的过程中产生了严重的挫败感，因此他在自己的亲密关系中缺乏能够获得异性爱的信心，容易产生对伴侣的猜疑。小傲的父母会采取这样的方式对待小傲，那一定是有着他们自身的问题，如果不加以干预和阻断，那这样具有明显偏差的家庭养育模式就会一直往下传递，在这个家族中成长起来的孩子就很有可能出现各种人格问题。

青少年时期人格尚具有不稳定性和较大的可塑性，这个时期发现的人格偏差问题我们一定要积极的处理。很多时候我们可能倾向于不给出人格障碍的诊断，而只是以具有某些不恰当的行为模式的判断来帮助青少年朋友。但对于偏执型人格障碍，尤其是家长同样偏执不配合治疗的，可能有时候给出一个明确的诊断更有可能引起家长和青少年朋友的重视，增加他们接受治疗的概率。否则，就会像小傲一样，受困于自己高贵血统的偏执理念中，影响自己的人生走向。还必须强调的一点：偏执型人格障碍的患者在遭遇应激的情况下，容易出现短暂的精神病性发作，甚至可能发展为妄想障碍或精神分裂症。有研究表明，有偏执型人格障碍的个体发生抑郁障碍、广场恐怖症和强迫症的风险都增高，也容易发生酒精和其他物质使用障碍。所以，为了孩子更好地适应社会，当发现问题时还是要积极治疗，尽量帮助青春期孩子形成一个更为具有弹性的人格。

（郑晓星）

嗜血的少年

——谈青少年反社会型人格障碍

> 天空里突然升起一个男孩子尖锐的歌声。他穿过
> 看不见的黑暗，留下了他的歌声的辙痕跨过黄昏的
> 静谧。
>
> ——泰戈尔《新月集》

    小方，男，17 岁，高二，成绩一般，没什么特殊兴趣爱好。他性格倔强，偏内向，性情急躁易怒，为人处世鲁莽，缺乏自控能力。在学校经常与同学起冲突，常因为参与打群架被通报批评，但小方从不收敛自己的行为。小方有虐待小动物的行为，曾经和几个男生抓了一只猫虐待致死，小方甚至用手指沾了猫血放在嘴里品尝，他觉得鲜血的味道让他兴奋。在学校的生物课中，小方对待试验动物的方式也极其血腥，比如同学们都给小动物麻醉后才开始解剖，小方从来都活活切开，听见小动物的惨叫声和喷出来的鲜血，小方就觉得很开心，为此生物老师禁止他参加生物实验课。同学们都害怕他，私底下称他为"嗜血魔头"。小方的父亲是工人，嗜酒，性情暴躁，蛮横不讲理，经常打骂妻子和孩子。母亲性格忧郁，对小方的

态度也很冷淡，但好歹能照顾好小方的温饱。整体上，小方家庭经济情况较差。

小方 13 岁那年，母亲终于受不了父亲的殴打，提出离婚并放弃了小方的抚养权，小方觉得母亲主动提出不要自己就是嫌自己麻烦，为此也恨母亲。离婚后，父亲脾气更坏了，经常摔东西，拿皮带抽打小方，小方为此曾离家出走。第二年，父亲娶了现任的继母，继母嫁到方家时，还带着一个 8 岁的女孩。继母性格刁蛮泼辣，常与邻居吵架，平时动不动就打骂小方，把他当作出气筒。有好吃的只给自己女儿吃，常买新衣服给女儿穿。母女俩常在他面前趾高气扬、耀武扬威，把他当作下人一样使唤。于是，趁大人不在家时，小方就把所有的怨气都报复在女孩身上，对她拳打脚踢，拧得她身上青一块紫一块的，而后感到十分快活。可等继母回来，他又免不了挨一顿毒打，于是他又找机会把这一顿毒打还给继母的女儿。为此，父亲赶他到学校寄宿。可继母还是不放过他，故意刁难他。每个月的伙食费，不是给少了，就是过期才给，说是忘记了。对这事父亲也不管，只是轻描淡写说两句就算了。刚开始，他跟同学借，可时间久了，同学们不仅不肯借钱，还嘲笑他，他感到无地自容。于是他想到了偷，最终被人家打得鼻青脸肿。

从此，他变了，变得满腔仇恨。他痛恨这个家，痛恨继母，痛恨小女孩，可又对他们无可奈何。于是当他受气的时候，就幻想着杀死他们，一个不留，以获得一种莫名的快感。他变得特别好斗，平时，谁要对他稍有冒犯，他就大打出手。有时，别人多看他一眼，他也会拳脚相加。在学校，他打人出了名，同学们都害怕他，不敢接近他。他觉得在学校的学习也没什么意思，就经常逃课到社会上混，很快结交了一批"江湖壮士"，由于小方的凶猛好斗，他很快混到了老大的位置，底下弟兄经常"孝敬"他烟酒，不知什么时候他就染上毒瘾，有一次吸毒被老师发现，最后被强制送进了戒毒所。

很明显，小方惯常的行为模式具有漠视或侵犯他人权利的特点，虽然青少年，尤其是男孩，控制情绪的能力均欠佳，比较具有攻击性，但小方的易激惹和攻击性远远超出了正常水平，导致他经常发起斗殴事件。小方虐待小动物，缺乏同情心，给人感觉是冷血，同时具有偷盗、吸毒等行为，这些特征都符合反社会型人格障碍的表现。但由于小方尚未年满18周岁，所以暂时诊断青少年品行障碍。但照着小方的成长轨迹，17岁的小方在1年后极有可能更改诊断为反社会型人格障碍。

反社会型人格障碍对社会的危害性大，尤其是在青少年中，如果具有该人格特质，就容易引发校园霸凌事件，这是很多家长和孩子担心的问题。反社会型人格障碍的成因是复杂的，个体的人格特质肯定具有一定的遗传性，这就是俗话说的"龙生龙，凤生凤，老鼠生的儿子会打洞"，但遗传在多大程度上决定个体会罹患人格障碍的风险并不明确。还有研究发现，反社会型人格障碍的个体前额叶的功能不足，这就导致了这一类型人格障碍患者冲动控制困难。当然还有神经递质、激素、电生理等的研究发现异常，但也不能证明到底是这些生理异常导致的人格问题还是长久的行为情绪异常导致的生理改变。所以我们要着重探讨的是和反社会型人格障碍有明确相关的心理社会因素，尤其是养育。儿童时期的不合理教养可导致人格的病态发展，不良的家庭环境如父母经常吵架、离异，以及父母粗暴凶狠、过度苛求等的教育方式都可能增加个体发展为反社会型人格障碍的风险。

从小方的案例来看，他的父亲专制、蛮不讲理，动不动就采用暴力来解决问题，这给小方树立了坏的榜样，使他在潜意识里感到可以通过攻击等手段达到目的，对于小方来说，他能够学到的最有效的控制他人的方式就是暴力征服。父母的离异，让小方失去了母亲这唯一的保护伞，失去了尽管不太温暖但却安全的母爱，也摧毁了小方内心最后一点关于爱与被爱的幻想，从此他的世界一片黑暗，他的恨由父亲扩散到了全世界。而继母的到来，更是进一步毁灭了小方对于人性的期待，于是小方内心的怨恨进一步累积，从反家庭发展到反社会。从这样的一条发展脉络分析，我们在评估小方的反社会特质时，应该慎重考虑小方行为发生的家庭背景。有些学者认为，在有些环境下，反社会行为似乎是保护性生存策略的一部分。

小方的反社会行为从某种意义上来说，也是他从恶劣的生存环境中发展出来的一条生存之道。

　　尽管有共识认为反社会型人格障碍基本上没有被治愈的可能，但对于青少年期的反社会人格特质，尤其是综合考虑具有突出家庭社会背景因素的，我们还是要积极帮助他们，因为青少年期人格尚未完全成型，还具有一定的可塑性，通过长程的心理治疗以及家长、老师、社会各界力量的积极帮助，有可能帮助这些问题少年的反社会行为消退。提到家长，我们不得不考虑家长自身所具有的问题，就像小方的父亲，他本身或许也具有很多反社会人格特质，所以在帮助青少年的同时也需要同时考虑对家长进行帮助治疗。

（郑晓星）

怕脏的男孩

——浅析青少年强迫症的成因和治疗

> 天空没有翅膀的痕迹，而我已经飞过，思念是翅膀飞过的痕迹。人生的意义不在于留下什么，只要你经历过，就是最大的美好，这不是无能，而是一种超然。
>
> ——泰戈尔《流萤集》

　　刚刚下过了雨，空气有些潮湿。今日的来访者是小义，一个16岁的男孩，身高180cm，面容白皙，戴着蓝色的鸭舌帽，穿着白色的上衣和蓝色的牛仔裤，身上有浓浓的消毒水的味道，一双大眼睛里充满了恐惧和警惕。小义在父母的陪同下来到咨询室。交谈中，了解到小义生活在一个家教比较严厉的家庭中，父母对其有较高的要求：很小的时候小义的手帕、内衣裤和小衣服要自己清洗；房间要收拾得整齐干净；物品如抽屉里的书、衣柜里的衣服、门口的鞋要摆放整齐、统一；对人要有礼貌，谦逊恭敬；每天要按时起床和睡觉。小义的父母自豪地告诉我："别看我们家养宠物，外人都看不出来，家里一点异味都没有。""小义是一个乖孩子，从小就比较听话。"小义小学时成绩虽然不算太突出，但也能保持在前十名。上高中后，因为家离得比较远，父母工作也比较忙，小义开始住校了。改变也在这时开始了。男生宿舍一共八个人，来自不同的家庭，有着不同的背景，生活习惯完全不一样。有的男生生活比较随意，袜子经常到处乱扔，身上有时还散发异味。有的男生说话特别粗俗，满嘴跑火车。有一次有个男生聊天时不小心坐到小义的床上，小义便觉得浑身都不自在，马上把床单拿到水房去洗。回来后换上新的床单，并警告室友不要再碰自己的床，室友们都觉得他小题大做。小义觉得自己和他们格格不入，感觉周围环境脏乱差。入学两个月了，情况并没有好转。而且小义发现自己洗澡和洗手的次数明显增加，只要碰到脏东西就要洗手。每回要洗三四遍，每遍洗十分钟左右。每天至少要洗一次澡，每次一个小时左右，这些消耗掉大量时间。小义为此感觉很痛苦，明知没有必要，但是控制不住。脑子里也经常控制不住地想象室友碰自己东西的画面，怕自己的东西脏了，弄得自己高度紧张、窘迫，经常陷入思想漩涡，想得脑袋疼。回家时上述情况能稍有好转，但仍控制不住。

小义的状况属于典型的强迫症。强迫症（OCD）是以强迫观念、强迫冲动或强迫行为等症状为主要表现的一种神经症，患者深知这些强迫症状不合理、不必要，却无法控制或摆脱，因而感到非常痛苦和焦虑。轻者给患者的生活、工作、学习、人际交往带来不便，重者甚至导致休学、失业、夫妻离异以及其他人际关系问题。强迫症的病因不是非常明确，有研究表明，父母有强迫症的，孩子强迫症患病率明显高于普通人群，但这个研究无法证明到底是基因的作用还是父母教养的作用。生理学的研究发现，强迫症患者中枢5-羟色胺的功能不足，这也是强迫症应用5-羟色胺再摄取抑制剂治疗有效的依据。

更多的研究表明，社会心理因素在强迫症的发病中具有重要作用。首先是个性特征，强迫症和强迫人格具有高度相关性，患者具有谨小慎微、追求完美、严于律己、苛于待人等特点，在生活中遇到应激事件时就容易犯病。精神分析的鼻祖弗洛伊德认为强迫人格具有条理分明、固执己见和躬行节俭的特点。法国精神病学家皮埃尔·让内（Pierre Janet）将他们描述成严苛、刻板、缺乏适应的人，他们一丝不苟、严守规矩、坚持己见。当遭受压力或极端要求时，这类人的性格特点可能会转变为行为，继而变化成仪式化症状。

强迫症的形成往往与其所在的家庭环境、父母教育方式等家庭因素密不可分，儿时缺乏情感温暖，父母教育中惩罚多于理解，父母过分保护或过分干涉，家庭成员间不注重情感表达，存在角色冲突为常见的原因。多数精神分析师认为"肛欲期"的发育问题很容易导致强迫人格的产生。临床报告反映出强迫症患者的症状多半与肮脏、时限、金钱等肛欲期主题相关。如果一切都在掌控之中有条不紊地进行，也许强迫症就不会发生了。所以从某种意义上讲，强迫症是源于内在的不安全感以及对于自己无能为力感的逃避。

案例中的小义，童年时期受到父母过早的限制、过于严格管教和道德教化。比如"像你这样的男孩，应该更乖一些""没有按时起床睡觉，这是对自己的不负责任"。父母的"勤勉"，使其形成一贯追求掌控、守时、整洁和条理分明的"完美"特质。而住宿后的生活，恰恰严重地打破了患者长期以来坚守的规则秩序，环境失去控制变得随意，变得不完美，加重了小义的不安全感，产生焦虑、抑郁等情绪，而不断大量的重复性的强迫行为可以用来抗议怠惰、邋遢、混乱、肮脏的罪恶感，维持所谓的全能控制的幻想。从短期看，是有一定效果的，达到了心理的平衡。但长此以往，是很有害的。

认识到这些，小义需要做的，首先是分析童年的创伤性的经历，释放出不良的情绪。然后，对于小义的强迫行为可以采用暴露治疗，使其身处能诱发强迫思维和强迫行为的场景中，通过反复的练习，使患者体会即便没有实施强迫行为，灾难也不会因此发生。针对强迫思维的小义也可以采用认知干预，由治疗师纠正患者歪曲的认知而达到改善症状的目的。第三代的认知行为治疗——正念疗法，以接纳的态度面对症状与内心的体验，改变患者注意的焦点，通过对周围环境有意识的觉察，将强迫思维慢慢挤出思维。接纳和承诺疗法（ACT）也与此类似。再则，强迫症患者的症状，不仅需要患者自身的改变，还需要家庭环境的改变，只有这样才能釜底抽薪。在家庭治疗中，首先指导家属了解强迫症的特点，勿过多指责、批评患者，给予鼓励、关爱与陪伴，建立稳固的家庭支持系统，然后帮助家庭成员意识到不合逻辑的信念和期望是如何造成其情绪问题，指导学会检验提出的假设。最后加强成员间正性沟通、理解，增强子女的亲密感、幸福感。在对强迫症患者实施治疗的过程中，必要时可考虑合并药物治疗。目前我国强迫症治疗的药物包括舍曲林、氟西汀、氟伏沙明、帕罗西汀和氯米帕明等。强迫症的治疗，需要一个长期的过程，鼓励患者多去考虑自己真正喜欢的、感兴趣的事情是什么，转移关注的焦点，才能真正达到人格的重构。

（宫　雪）

网红直播中的"大胃王们"

——谈青少年进食障碍

> 人生没有目的，只有过程，所谓的终极目的是虚无的……人的情况和树相同。它愈想开向高处和明亮处，它的根愈要向下，向泥土，向黑暗处，向深处，向恶……千万不要忘记。我们飞翔得越高，我们在那些不能飞翔的人眼中的形象越是渺小。
>
> ——尼采《查拉图斯特拉如是说》

网红直播，也称网络经济，和看电视，看电影一样，看直播也是一种娱乐消遣，其最大的区别在于有互动。如今直播作为一种产业，成为流行是大势所趋，例如我们所熟知的 papi 酱、迷蒙、罗振宇等。而我今天所说的网红以直播吃美食为主，他们的食量惊人，例如可以吃掉 100 个三文鱼寿司、十多斤鱼等。这些让我们想吃又怕胖的人望尘莫及，然而真的存在怎么吃都不胖的人吗？每个人都对美食无法抗拒，既希望可以吃遍各地美食，也希望拥有完美体型。对于那些网红大胃王们，他们食量惊人，但体型匀称，甚至可以说体型完美。尽管关于肥胖的研究表明，肥胖与基因、肠道内菌群种类、新陈代谢率等有关，但是短时间内大量进食，摄入足够多的能量可以增加体重。那么他们摄入那么多能量为何没有长胖呢？

奇奇，一个 17 岁的高中生，很聪明但害羞、内向而且不自信，在同学眼里她有些书呆子气。奇奇是一个爱吃的女孩，突然有一天，家人发现奇奇饭量减少了，问起原因原来是亲戚、朋友、邻居见面都说她脸大了，这让奇奇开始在意自己的体型，开始刻意少吃零食。为了避免一个人吃午饭，她开始不在学校吃。取而代之，课间她会去图书馆或散散步。后来奇奇开始在放学后跑步，她很享受这个过程，而且跑步让她对自己感觉更好。她体重开始下降，这让她有种成就感，因而乐此不疲。周围的人都夸奇奇漂亮了，奇奇获得了他人的肯定，于是更进一步节食并且更卖力地跑步。她妈妈最初很开心女儿的变化，随后开始担心并唠叨让奇奇多吃点，少跑点。奇奇一意孤行并且体重继续下降。当奇奇 19 岁进入大学后，她参加了一个跑步俱乐部。但她有社交障碍，在俱乐部，她没有办法和别人很好地交往，她觉得孤独自卑，于是她继续节食，只吃蔬菜，甚至还要用清水涮一下，维持低体重让她有操控感。

不知何时，奇奇开始无法忍受饥饿，无法控制自己的食量，有时一次能吃下十几个馒头、2 碗酸辣粉、3 碗米饭、菜和水果，相当于十几碗面条的食量。但又恐惧体重增加，奇奇也想过抠吐的方式，但没有成功。由于长期不规律进食，奇奇胃肠道功能紊乱，经常便秘，她想到通过网络寻找通便药无果，却意外发现了另一种神奇的方式，既可以吃大量的食物又不用担心长胖，那就是大量的运动。于是只要奇奇觉得体重增加了或是想让自己感觉好点便拼命跑步。慢慢地她无法做到不去跑步，即使身体不舒服或者天气不好的时候也是一样。就这样，奇奇感到很满足，每天每顿饭都要花费 2 小时的时间进食，外出唯一原因也是找食物，用家人的一句话讲，她每天都在"扫街"。就这样，奇奇原本身高 170cm，体重 65kg，现在体重只有 54kg。有时候奇奇也觉得自己不太胖了，但同时她又担心自己长胖，只要体重稍有增加就会焦虑，必须通过过量运动消耗掉吃下去的能量或者运动到自己满意为止，尽管筋疲力尽，也无法停下来。如果体重减轻她会觉得很有成就感，对自己就比较满意。奇奇也认为自己很矛盾，但无法摆脱。

很显然，奇奇的问题属于进食障碍谱系的，由开始的过度节食发展到后来不定期的暴食发作，同时伴有过度运动以防止体重增加的代偿性行为，对自己的评价与体重相关，可以诊断为神经性贪食症。与神经性贪食症相对应的另一个进食障碍是神经性厌食症，与贪食症不同，厌食症患者必须存在持续的限制食物的摄入，强烈的害怕体重增加或持续采取妨碍体重增加的行为，对自己的体重产生扭曲的认知，即明显体重已经低于正常值了，可仍然觉得自己太胖。厌食症中暴食/清除型有时容易和贪食症混淆，但二者最容易鉴别的点在于对体重指数的判断，我们说厌食症的诊断必须有显著的低体重，其严重程度根据体重指数（BMI，体重/身高^2）来判断。BMI$\geqslant$17kg/m^2 为轻度，17kg/m^2 > BMI$\geqslant$16kg/m^2 为中度，16kg/m^2 > BMI$\geqslant$15kg/m^2 为重度，BMI < 15kg/m^2 为极重度。奇奇目前的 BMI：54kg/1.7m2 = 18.7，不低于正常体重下限（BMI = 18.5）。还有一种进食障碍叫作暴食障碍，该障碍个体也存在控制不住的大量进食并在进食之后厌恶自己的进食行为，但其与贪食症的差别在于不会出现过度运动等的代偿行为或催吐、导泻等的清除行为。

临床发现有相当一部分的神经性贪食症患者在此前曾有过严格限制食物摄入的经历。对于进食障碍从限制进食失败直到发展至如我们前面所述的奇奇的暴食－过度运动代偿，其发生机理从最简单的层面分析，如果一个人很长时间未进食，长期忍受饥饿的痛苦，食物的味道和香气会显得格外的诱人，人会越来越被食物和进食的想法占据，对食物摄入的控制力会显著削弱，造成一次大量的食物摄入。这种失控行为还可以用新近的一个心理学理论"决策疲劳"来解释，就是说个体如果花费了很多的精力做决定，最后就会出现放任自己情绪、行为的风险。所以说，通过严格限制食物来减肥存在的风险就是如果让自己忍饥挨饿的感觉太过于强烈，个体就可能最后对管控自己感到疲劳，从而放纵自己的饮食。而放纵带来的结果会使个体产生内疚感，因为谁也不喜欢失控的感觉。尤其是那些原先就对自己要求比较严格，有完美主义倾向的人，很容易对自己想要和需要进食的感觉感到内疚、羞耻，进而对自己可能体重增加感到恐慌。这些感觉可随之将个体引致清除阶段以去除掉吃进去的食物。清除包括所有去除食物的方法（呕吐、导泻等）以及代偿性的行为如过度运动，这些行为在给机体造成危险的生理损害的同时，还令机体又进入挨饿的体验中，由此为下次暴食埋下伏笔。清除行为也可引发进一步节制进食的尝试（重启节食）。这一模式于是形成了限制－暴食－清除的恶性循环，从情绪上非常难以处理，而且可导致极为严重的健康后果。

　　进食障碍通常始于青春期和成年人早期，因为在这个阶段，孩子们开始意识到自己的存在，他们开始关注自己的方方面面的变化，期望能在各方面都表现理想。我们讨论过青春期的形体焦虑，对自我的完美期待里很重要的一条就是让自己的外形符合大众的审美期待，而一旦孩子们开启节食减重的过程，体重减轻带来的成就感就很容易让人成瘾。当然，对于心理发展相对健全的孩子来说，他们可能出现进食的问题、对体形的过度关注，但发展至进食障碍的，除了社会审美的导向和青春期孩子的爱美心理外，更令人担忧的就是个体成长过程的创伤。已有的研究表明，经历过儿童期性或躯体虐待的个体发生神经性贪食症的风险增加，低自尊、儿童期的焦虑障碍也和进食障碍的发展有关。来自家庭养育中的严苛、贬低、忽略容易使个体陷入内在低自尊和外在高期待的冲突中，在无法应对生活时，个体也容易在青春期发展出进食障碍。

　　进食障碍似乎只是一个简单的饮食问题，家长有时会掉以轻心，觉得教育一下孩子就好了。但青少年的进食障碍往往伴随着很多长期发展中的心理问题，同时也容易引发孩子焦虑、抑郁的情绪，神经性厌食症严重者还经常面临重度营养不良所致的生命危险，而暴食清除中的催吐和导泻也容易引发水电解质紊乱从而威胁孩子的生命安全。所以，不管是家长还是青少年朋友自己，都要重视进食障碍的诊治，尽快寻求有效的帮助让自己从痛苦中走出来。

（李　非　郑晓星）

抓狂的少年

——谈破坏性心境失调障碍

> 在精神的眼睛看来，人心比任何地方都更炫目，也更黑暗；精神的眼睛所注视的任何东西，也没有人心这样可怕，这样复杂，这样神秘，这样无边无际。有一种比海洋更宏大的景象，那就是天空；还有一种比天空更宏大的景象，那就是人的内心世界。
>
> ——雨果《悲惨世界》

洋洋从小就爱生气，从 1 岁多开始，只要父母稍微不能满足他的要求，他就躺地上哭闹打滚，开始父母也不在意，还觉得很好玩，后来也烦了，为此事也狠狠打过洋洋几次，可也不奏效。年龄大一点，上了幼儿园，洋洋开始生气时就摔玩具，经常气呼呼地冲回卧室，把自己反锁在屋里，家里人都觉得这孩子气性怎么这么大，认为只是孩子有个性，也没有特别在意。幼儿园老师反映洋洋在学校经常发脾气，家长也总是跟老师说好话，说自家孩子是顺毛驴，希望老师能多迁就一点。

上了小学，洋洋的脾气一点没有好转，作业完成得不顺利就摔文具，冲父母吵闹。家长觉得孩子这是对自己要求严格，所以只是尽量安抚孩子，但也觉得和洋洋相处特别辛苦，不知道什么时候这孩子就跟个火药桶一样爆炸了。但父母还是认为现在孩子都是家里的小皇帝，有点脾气是很正常的。而且洋洋的学习成绩一向还行，所以全家人都迁就洋洋的脾气。

到了初中，不知道是因为进入青春期孩子叛逆了还是学业压力变大了，洋洋的情绪经常处于失控状态。每天都会因为一些小事就冲着父母大吼大叫，只要父母指出他一点点错误，他就摔东西。单单他自己的手机已经摔坏了好几个，妈妈的手机也被他摔坏过几次。在学校，洋洋也无法和同学相处，总是因为一些小事就和同学吵架。洋洋经常也会抱怨生活没意思，觉得所有人都不能理解自己，生活中处处不如意。

洋洋被迫就诊是因为有一次他抱怨学校的同学都看不起他，妈妈说了一句不可能，他就暴跳如雷，把妈妈的笔记本电脑都给摔了。父母终于意识到洋洋有点不正常，于是强行把洋洋送到医院，当时诊断"双相情感障碍"，进行了规范的药物治疗，开始有点效果，洋洋从每天发脾气降低到一周2~3次，父母刚看到一点希望没多久，因为洋洋把头发染黄了，父母批评了他几句，洋洋就把家里的玻璃、门全给砸烂了，看着一片狼藉的房间，父母忍无可忍，再次强行将洋洋送住院治疗。住院期间洋洋的情绪稍微稳定一点，可是出院回家没多久，就又恢复到不定时就暴怒发作的状态中。最后无计可施的父母只好求助于心理治疗的帮助。

从洋洋的症状来看，他最突出的表现就是严重而频繁的大发雷霆，几乎每天都处于易激惹或愤怒的状态当中，但并没有情绪高涨、夸大等躁狂的核心症状，也缺乏典型的情绪低落、兴趣减少、快感缺乏的抑郁症三主征，所以"双相情感障碍"的诊断对于他来说可能并不是很合适。最新修订的美国精神障碍诊断与统计手册第五版（DSM－V）专门针对儿童的这种特定症状增加了"破坏性心境失调障碍"的诊断。该诊断的核心特征是慢性的、严重而持续性的易激惹，具有两个显著的临床表现：频繁地发脾气和在严重脾气爆发的间期存在慢性、持续性的易激惹或发怒的心境。该障碍的诊断起病必须在10岁以前，症状持续的时间要达到1年及以上，适用的诊断年龄是6~18岁，也就是说成年人不适用于该诊断，这是专门针对儿童和青少年的。从洋洋的表现看，他完全符合该障碍的诊断。流行病学调查发现，该障碍在儿童和青少年中的患病率可能在2%~5%，男性的患病率高于女性。如此高的患病率，提醒我们要重视，如果家里的孩子经常处于暴怒的状态，不要轻易认为只是因为孩子个性太强，而是要积极寻求精神卫生专业工作者的评估，尽早对孩子进行有效的干预。

家长们一定很关心，为什么孩子会罹患此障碍？首先是与孩子的先天气质类型有关，有一种孩子一生下来就属于难带型的，爱哭闹、不容易安抚等，这就很容易导致抚养人情绪耗竭，于是就容易出现对孩子言语或行为上的不良对待，从而加剧孩子内在的不安全感，导致孩子更难安抚，于是就形成了恶性循环，孩子长期处于情绪失控状态当中，又无法从家长那里学习如何合理地控制情绪，久而久之，就发展到符合破坏性心境失调障碍的诊断的程度。其次和家族遗传有一定关系，研究发现这类患儿近亲属中焦虑障碍、单相抑郁障碍和物质滥用的发病率高于普通人群。分析洋洋的家族史，他的父亲就存在广泛性焦虑障碍，凡事都做最坏的打算，总担心家里会发生不好的事情，每天忧心忡忡，以至于家里的气氛总是很压抑。洋洋的父母关系也很不好，父亲总是怀疑母亲有外遇，母亲嫌弃父亲胸无大志，父母都会在洋洋面前说彼此的坏话。同时父母对洋洋保护过度，洋洋从小对挫折的耐受力就非常差，这也导致了洋洋进入学龄期后面对学业问题特别不能耐受。

需要强调一点，破坏性心境失调障碍虽然随着孩子年龄的增长，症状有可能减轻，但其慢性、持续性的易激惹的特点很容易导致青少年难以建立和维持友谊，同时由于孩子耐挫折能力低，导致学业产生困难，这都会严重破坏患病青少年与其家庭的生活，而且更严重的后果是，这类患儿出现危险行为、自杀观念或自杀企图、严重攻击性的风险都相当高，长期处于情绪失控状态当中对于孩子的自我评价和人格发展也具有不良影响，因此，为了孩子未来的正常发展，家长一定不要讳疾忌医，要积极带孩子就诊。

　　由于破坏性心境失调障碍具有一定的社会心理因素，这给心理治疗带了契机。针对患儿进行个别心理治疗，处理孩子的心理创伤、教授孩子情绪管理技巧、提供人际支持等方式对于缓解孩子的症状都非常有帮助。同时还必须有针对父母的夫妻关系治疗和纳入整个家庭的家庭系统治疗，这些对于处理有问题的家庭模式都非常有效果。鉴于破坏性心境失调障碍的儿童、青少年的父母与孩子相处困难，建议父母参与父母支持小组，一方面可以互相交流和孩子相处的技巧，另一方面也可以得到情感支持。

　　总而言之，破坏性心境失调障碍是可以被成功治疗的，尽快诊断和积极的治疗是孩子和家庭获益最大的保障。

（郑晓星）

言行怪异的孩子

——谈青少年精神分裂症

> 我是幽灵。
>
> 穿过悲惨之城，我落荒而逃。
>
> 穿过永世凄苦，我远走高飞。
>
> ——但丁

芳芳，今年14岁，开学后上初二，国庆节前老师给家长打电话，称芳芳开学后与上学期比，成绩下降，上课不专心听讲，经常发呆，下课后也不与同学来往，有时突然发脾气跟同学争吵，感觉芳芳现在可能有心理问题，建议带孩子去医院看看。芳芳父母不认为孩子有问题，但迫于老师压力，只能带孩子来咨询。我跟芳芳聊天，芳芳说，最近一个月来，自己对声音特别敏感，独自一人时经常能听到有人喊自己的名字，并且还能听到汽车和火车的鸣笛声，现在出现的越来越多，为此紧张害怕。有时还担心有人害自己，平时与姐姐在一间屋里睡觉，如果姐姐出去了，就觉得旁边有人，吓得自己不敢睁眼紧缩在床上，直到姐姐回来这种害怕的感觉才会消失。我问芳芳上课时能集中注意听老师讲课吗？芳芳说："现在不行了，上课时总是特别害怕，老师讲课听不下去。"我又问芳芳："现在睡觉不好，吃饭怎么样？"芳芳说："在学校还好点，大家吃的都一样，在家吃饭少，有些东西不敢吃了，比如米饭，第一口就感觉味道不对，有些苦，就不敢往下吃了。"在与芳芳聊天时，芳芳明显表现紧张，在椅子上不断变换姿势，双手不自觉地紧抓衣角。通过与芳芳的交流，初步考虑芳芳现在精神出现一些问题，精神分裂症可能性大。建议家属带孩子去三甲精神专科医院去看看。当天芳芳母亲又带着孩子去了三甲专科医院，该医院诊断芳芳患有精神分裂症，给其开具药物治疗，但芳芳父母不愿承认孩子有病，认为孩子是装的，准备再去别的医院看看再说。

小琦，今年20岁，17岁上高二时出现睡眠差，次日上课时注意力不集中，学习成绩下降的情况。后来发展到发呆发愣，不爱与人交往，原先看到邻居同学时会主动打招呼，现在看到人就跟不认识一样，直愣愣地走过去。生活懒散，原来爱干净整洁的孩子现在可以长时间不换衣服，不主动洗澡，头发油腻凌乱。脾气急躁，经常说同学欺负他，为此突然跑到同学跟前骂人一顿。有时看到别人说话就觉得是在说自己，跑到别人跟前质问人家为什么说自己等。学习成绩明显下降，由班里前十名落为倒数。家人发现其精神出现异常，带孩子去精神科就诊，诊断为精神分裂症，开具了药物治疗。小琦父母听闻诊断，感觉天都要塌下来了，觉得孩子这辈子都完了，以后没有前途了，但在医生的健康教育下接受现实，表示配合医生积极治疗。此后患者每周带孩子复诊，早晚根据医生处方按时给孩子服药，治疗1月后，孩子异常表现明显减轻，发脾气、疑心明显减少，待人接物也开始变正常。大约4个月后所有异常表现消失，同时小琦在上课时能集中注意力听讲，学习成绩上升，去年高考也考上了理想的大学，现仍坚持治疗。

其实，像芳芳、小琦这样在儿童、青少年期患有精神分裂症的孩子并不少，但能及早发现并接受治疗的比例明显偏低，等到意识孩子出现严重问题再去就医的时候，有的已经错过了最佳治疗期，造成终生遗憾。精神分裂症可发生于成人和青少年、儿童的各个时期，儿童青少年由于受年龄的影响，其精神障碍性症状往往不典型，容易被忽视，且也容易漏诊误诊。目前青少年精神障碍的发病率已经越来越高了，有调查结果显示，青少年精神障碍患者自身识别率几乎为零，而学校、家庭、社会对该病的识别率不足 1%，一些综合医院的识别率也仅仅是 15%。

那当孩子出现什么样的情况我们需要提高警惕？患有此病之后，许多孩子会出现以下症状。

（1）性格改变：如一向温和沉静的人，突然变得蛮不讲理，为一些微不足道的小事就发脾气；或者从活泼好动慢慢变得孤僻、不爱与人接触，整天独来独往，严重的可以把自己封闭起来不出门等；有些生活变得懒散，仪态不修。

（2）学习状态：许多学生上课时，注意力不能集中、听课不专心、学习成绩明显下滑，时常发呆发愣，有时候傻笑或自言自语。

（3）类神经衰弱状态：头痛、失眠、多梦易醒、做事丢三落四、注意力不集中、遗精、月经紊乱、倦怠乏力，虽有诸多不适，但无痛苦体验，且又不主动就医。

（4）情绪反常：无故发笑，对亲人和朋友变得淡漠，疏远不理，既不关心别人，也不理会别人对他的关心，或无缘无故的紧张、焦虑、害怕。有的孩子变得情绪不稳定，常为小事发脾气，摔、砸东西，打人等。

（5）其他症状：还有当其出现一个人独处时，会经常性地对空说话，说有人跟他讲话；还有些出现疑心，认为别人说话是在议论他；还有的有同学挤兑自己、有人要害自己、自己有超能力，能跟外星人交流或者感觉有高科技在控制自己等想法，这些都是一些病态想法。还有一些孩子在与人说话时往往前言不搭后语，语言支离破碎，有头无尾，问其问题，通常情况下都不会去回答，或者欲言又止。日常生活中，自己喜欢创造新的文字、新的词语，使人很是费解。

青少年精神分裂症可以经过数天或数周急性起病，也可能经过数年缓慢或隐渐性起病。青少年精神分裂症是一种可以治疗的疾病，但病人对自己的疾病往往没有认知能力，一般不会主动要求看医生，需要周围人的留意和帮助。早期诊断和治疗对青少年精神分裂症病人的愈后有重要的意义。像小琦这样的父母，在孩子患病后不是怨天尤人，而是积极配合医生治疗，不仅病情很快缓解而且没有影响孩子的学习，而且还像其他孩子一样考上了理想大学。而芳芳的父母如果不给孩子积极治疗，后果不敢想象。

现在我们对精神疾病存在很多误区。（1）认为孩子得了病，这一辈子都完了，治病要花不少钱，还不一定能好，不折腾、不惹事就这样吧，吃不吃药没什么关系。（2）还有一些认为精神障碍会传染，如果住院治疗，病情会更加严重，所以不愿意在精神障碍早期住院系统治疗，实际上每个病人的症状都有特异性，与其年龄、阅历、生活经历等息息相关；而且他们虽然不认为自己有病，但是对别人的症状有很好的判断和批判能力，可以准确指出其他人异常在哪里。（3）还有些人担心孩子得了病，别人会歧视，所以不愿意带孩子去看病。（4）有时一厢情愿地认为孩子是思想问题，过两天自己想开了就没事了。（5）还有些人虽承认孩子有病了，但是可能撞了不干净的东西，而拒绝药物治疗，到处找"跳大神"、招魂的驱魔治疗，不但没有好转，反而越来越重，有的服用一些不知名的类似香灰、符水等物质出现中毒甚至丧失了年轻的生命。

所以当我们的孩子或者周围人出现精神异常时一定要及时去正规医院进行诊断治疗，帮助孩子早日康复，及时回归家庭、社会，不能因偏见不带孩子及时就医，贻误一生，造成终生遗憾。

（雷晓星）